中美清洁能源联合研究中心建筑节能合作项目

中美高能效建筑案例分析与对比

本书编委会　编

中国建筑工业出版社

图书在版编目（CIP）数据

中美高能效建筑案例分析与对比 / 本书编委会编 .—北京：中国建筑工业出版社，2014.1
ISBN 978-7-112-16027-3

Ⅰ.①中… Ⅱ.①本… Ⅲ.①建筑 — 节能 — 对比研究 — 中国、美国 Ⅳ.①TU111.4

中国版本图书馆CIP数据核字（2013）第256041号

责任编辑：齐庆梅
责任校对：王雪竹 党 蕾

中美高能效建筑案例分析与对比
本书编委会 编
*
中国建筑工业出版社出版、发行（北京西郊百万庄）
各地新华书店、建筑书店经销
北京京点图文设计有限公司制版
北京建筑工业印刷厂印刷
*
开本：787×1092 毫米 1/16 印张：11 字数：270 千字
2014 年3月第一版 2018 年5月第二次印刷
定价：78.00元
ISBN 978-7-112-16027-3
(24801)

编委会名单

编委会主任：梁俊强

主　　　编：朱能（天津大学）、赵靖（天津大学）

参编人员（按姓氏笔画排序）：

丁勇（重庆大学）、冯国会（沈阳建筑大学）、
李慧星（沈阳建筑大学）、徐国英（东南大学）、
谢慧（北京科技大学）

序

随着建筑用能需求的不断增加，无论是发达国家还是发展中国家，建筑能耗占社会总能耗的比重都越来越大。所以，一直以来建筑节能都是人们关注的课题。如何实现建筑节能技术在高能效建筑中的综合应用，如何选择适合我国不同气候区的资源条件、经济条件的适应性节能技术，以及如何实现建筑节能的效益最大化也成为了越来越热门的话题。除此之外，更多的人也想了解，作为能源消耗大国的美国，在建筑节能方面做了哪些工作，他们的节能效果如何，通过与美国的高能效建筑进行对比分析，我们能从中借鉴什么建筑节能理念？也许你能从此书中找到答案。

本书收录了若干栋高能效建筑案例，其中包含了住宅、办公、档案馆、商业等各类建筑，地域覆盖了东北、华北、华东、华中、华南等多个地区，既有绿色建筑案例，也有经过节能改造的高能效示范案例，充分展示了我国不同气候区、不同类型、不同地域文化经济背景的高能效建筑特点，充分表达了我国发展高能效建筑中“因地制宜”和“节能减排”的政策方针。

本书内容丰富，数据完整，在充分介绍各建筑案例的节能技术与能源管理模式的前提下，从电耗、水耗和各分项能耗等方面对能耗情况进行了比较细致的分析；并通过中美不同气候区五对建筑案例的对比，分析了中美办公建筑能耗差异的原因。本书值得建筑领域的规划、设计、施工、物业专业人员以及科研单位、政府管理部门、大专院校的相关人员学习参考。

建筑节能是一项系统工程，是贯彻可持续发展战略、实现国家节能规划目标、减排温室气体的重要措施。建筑节能符合全球发展的趋势，竭诚希望相关的工程技术人员投身于节能建筑的建设中来，为国家的节能减排事业做出新的贡献。

前 言

随着建筑用能在社会总能耗中所占的比重越来越大，建筑节能不可避免地成为社会各界关注的焦点。建筑节能技术是实现高能效建筑的重要手段。本书将建筑节能技术分为四类：建筑围护结构节能技术、暖通空调系统节能技术、可再生能源节能技术和其他建筑节能技术。具体来说，建筑围护结构节能技术包括：墙体和屋面的保温隔热、遮阳技术、高效节能型外窗等；暖通空调系统节能技术包括：变风量系统、地板送风、热回收以及其他自动控制技术等；可再生能源节能技术包括：地源热泵技术、太阳能光电技术、太阳能光热技术等；其他建筑节能技术包括自然通风、自然采光、节能照明等。

与普通建筑相比，在实现相同建筑功能的前提下，高能效建筑能够消耗更少的能源，满足节能减排的要求，在综合利用各种节能技术的同时，不以牺牲室内环境质量为代价。本书中所收录的若干建筑案例，都集成了各种建筑节能技术，室内环境质量也都能够满足《室内空气品质标准》GB/T 18883-2002 的要求。

天津大学建筑节能中心及子课题的合作单位于 2011 年 11 月～2012 年 12 月调研了我国严寒地区、寒冷地区、夏热冬冷地区和夏热冬暖地区的多栋公共建筑，选取了其中 11 栋作为高能效建筑案例进行分析，研究了我国不同气候区各种节能技术在高能效建筑中的应用效果、系统运行状况和建筑能耗水平等内容。

为了研究中美高能效建筑在能源结构、能耗水平、室内环境等方面的差异性，本书选取了中国沈阳、天津、南京、宁波、深圳的 5 栋高能效办公建筑案例，同时考虑地理气候、建筑规模和经济发展水平等因素，分别选取了美国坎布里亚、华盛顿市、小石城、安纳波利斯、休斯敦的 5 栋获得美国 LEED 认证的办公建筑，进行了能耗水平和节能技术等方面的对比分析。

本书第 1 篇第 1、2 章由冯国会、李慧星编写；第 3、4 章由谢慧编写；第 5、7 章由朱能编写；第 6 章由徐国英编写；第 8、9 章由丁勇编写；第 10、11 章与第 2 篇由赵靖编写。全书由赵靖统稿。

本书的编写得到了住房和城乡建设部科技发展促进中心的大力支持，也得到了相关单位的积极配合，在此一并向对本书提供帮助的领导和专家表示衷心感谢。

本书在编写过程中多次修改，但由于时间紧迫，难免存在不足之处，敬请读者批评指正。

本书编委会

目　录

序……IV
前　言……V
绪　论……001

第1篇　中国高能效建筑案例分析

1　沈阳某大学校部办公楼……004
2　沈阳某商城……014
3　北京某大学体育馆……026
4　北京市某商业写字楼……035
5　天津市某科技档案楼……050
6　南京某广场……063
7　宁波市某培训中心……073
8　重庆某大厦……082
9　重庆某迎宾楼……093
10　深圳市某办公楼（一）……104
11　深圳市某办公楼（二）……118

第2篇　中美高能效建筑案例对比分析

12　沈阳建筑大学校部办公楼与宾夕法尼亚州环保部办公楼……132
13　天津市建筑设计院科技档案楼与西德威尔友谊中学办公楼……138
14　宁波市建设委员会培训中心与飞利浦美林环境中心……145
15　南京银城广场与海菲国际公司世界总部办公楼……152
16　深圳市建筑科学研究院办公楼与得克萨斯大学护理学院学生活动中心……158
17　总结……164
参考文献……168

绪 论

随着城市化进程的推进和经济的快速发展，建筑能耗在社会总能耗中所占的比重越来越大，受到越来越广泛的关注。比较中美建筑能耗统计数据，对能耗差别的原因进行深入研究，可以帮助我们更好地分析我国建筑用能现状、预测发展趋势，从而为制定相关政策和引导建筑节能的发展提供依据。

但是关于中美高能效办公建筑能耗比较的研究并不多，且大部分将精力放在宏观角度对比，而两国能耗数据统计的方法不同，简单地进行数量比较不能解释建筑能耗差异的原因。本书从对比两国绿色建筑评价体系和具体高能效办公建筑实际监测运行数据的角度，对中美两国典型地区高能效建筑的建筑用能结构、建筑能耗现状以及建筑节能技术应用现状进行深层次对比分析，研究中美两国相似气候区建筑能耗及能效水平的差异性，形成适合中国不同气候区的建筑节能技术体系。

中美两国对于绿色高能效建筑的评价体系和标准不同，这对建筑能耗和水耗等多方面的影响是很大的。《绿色建筑评价标准》是我国目前现有的适用性和普及性最强的一套绿色建筑评价体系，该标准总结了近年来我国绿色建筑方面的实践经验和研究成果，借鉴了国际先进经验制定的多目标、多层次的绿色建筑综合评价标准。LEED（Leadership in Energy and Environmental Design）是目前应用非常广泛的一个建筑标识认证体系，它是美国绿色建筑委员会为满足美国建筑市场对节能与生态环境建筑评定的要求，提高建筑环境和经济特性而制定的一套评定标准。

在上述两个评级体系的比较方面，有很多研究。Siwei Lang [1] 介绍了中国节能标准的执行情况。Z.Wang [2] 等介绍了中国二十年里节能标准和包含室内空气质量（IAQ）的标准。李江南 [3] 通过对中国目前最关心的绿色建筑的“四节一环保”（节能、节地、节材、节水、环保）内容的分析，得出了 LEED 并不适合中国国情的结论。万一梦 [4] 将我国《绿色建筑评价标准》与美国 LEED 评价标准从评价标准的颁布主体、对建筑形式的划分、申报流程、经济效益等方面进行了比较，对我国绿色建筑评价体系存在的问题进行了探讨，提出了如何进一步完善我国绿色建筑评价体系的建议，如需要政府给出一些激励政策的支持等。周晓兵、车伍 [5] 介绍了我国《绿色建筑评价标准》与美国 LEED 评定标准中，关于雨洪控制利用的评定内容，对两套标准关于雨洪控制利用的理念及具体评价条文差别进行了比较分析，剖析了产生这些不同的深层次原因。王宁 [6] 等介绍了中国《绿色建筑评价标准》、美国LEED评估体系、英国BREEAM评估体系等几套典型的绿色建筑评估体系中，对公共建筑节水的指标要求，在比较分析特色和适用性的基础上，对我国绿色建筑评估的发展以及建筑节水管理提出建议。

我国的绿色建筑评价标准与美国LEED认证的显著不同是把节能放在首要的位置，满足节能标准才有可能成为绿色建筑，与此同时还关注建筑整个生命周期的评价。LEED认证委员会认为绿色建筑节能不应以牺牲环境为代价，节能高效的建筑设备在节能的同时也要顾及环保性[7]。

两个标准在具体细节层面有很多不同之处，这无疑对建筑设计和运行能耗产生影响。例如在节能评价指标方面，两者均注重从规定建筑物及内部设备的最低能效和鼓励采用能效优化的设备来提升绿色建筑的节能性能。此外，《绿色建筑评价标准》提倡利用建筑设计布局来减少建筑物使用能耗；LEED认为建筑物的节能性能还应该包括建筑物使用过程中对周边环境的影响。《绿色建筑评价标准》将能效优化细化为对建筑物中电梯、照明灯具、空调能耗等内部大功率建筑设备的能效比，而不是以单纯的成本比较作为评判依据。

在节水评价指标方面，中美两国均将绿化景观的灌溉节水技术纳入绿色建筑的评价范畴，作为发展中国家，中国并未一味单纯追求先进节水技术、设备所带来的建筑物节水性能的提升，在考虑节水的同时也同样关注整个给水排水系统运转的稳定性，《绿色建筑评价标准》中规定采用节水器具和设备，节水率不低于8%；LEED标准为了实现建筑中最大化节水，以减轻市政供水和排水负担，规定采取措施总用水量比用水量计算基准减少30%。

在节材评价指标方面，两国均注重从提高建筑物材料循环利用率、提高地方材料使用比例、加强建筑材料的再利用三方面来提升绿色建筑的节材性能。

在节地评价指标方面，LEED要求在保证建筑选址安全的同时应尽量避开耕地、湿地、自然保护区等生态较为脆弱的区域，注重对环境的保护。而《绿色建筑评价标准》则更强调选址的安全性，对建筑活动可能对周边环境引起的生态扰动则没有设立专门的条款加以约束，不足以全面反映绿色建筑环境友好的特征。

中美两国国土资源辽阔，大部分国土面积所处纬度相同，气候相似，为了对中美两国相似气候区办公建筑的能耗水平进行分析，研究两国不同气候区各种节能技术在高能效建筑中的应用效果、系统运行状况和建筑能耗水平等内容，形成适合双方，尤其是我国资源条件、经济条件下的适应性建筑技术的优化方案，本书选取了我国严寒地区、寒冷地区、夏热冬冷地区和夏热冬暖地区的11栋公共建筑案例（具体分布为沈阳2栋、北京2栋、天津1栋、南京1栋、宁波1栋、重庆2栋、深圳2栋），从建筑概况、建筑节能技术、建筑能源管理、建筑能耗分析和室内环境5个方面进行深入分析；并遴选其中5栋建筑与美国相似气候区的5栋公共建筑案例，进行建筑概况、气候条件、节能技术和能耗水平的对比分析。

希望本书的出版能够起到抛砖引玉的作用，吸引更多的同行参与到中美建筑能耗对比的工作中来，为中国的节能减排事业做出贡献。

第 1 篇

中国高能效建筑案例分析

1 沈阳某大学校部办公楼

【建设单位】沈阳某大学
【竣工时间】2003 年 3 月

1.1 建筑概况

本项目位于沈阳市，南北朝向，建筑总高度 19.8m，地下 1 层，地上 5 层，中部设有 5 层的中庭共享空间，标准层高为 3.9m，总建筑面积 10997.38m^2，空调面积 10997.38m^2，采暖面积 10997.38m^2，工作人员总计 200 人。建筑结构形式采用框架结构，填充墙体为空心砖，外墙采用 370mm 厚的空心砖，内墙为 180mm 厚的空心砖。外窗采用中空双层玻璃窗，窗框材料采用塑钢窗框，厚度规格为 5mm+9mm+5mm，玻璃类型为普通透明玻璃，遮阳形式为活动内遮阳，外保温采用植物聚氨酯发泡材料。屋面传热系数 0.25W/（m^2·K），外墙传热系数 0.51W/（m^2·K），外窗传热系数 2.2W/（m^2·K）。

地下一层为值班室、变配电室、空调机房、库房和工具间；一层主要为陈列室、接待室、档案室、收发室、办公室；二～五层主要功能为办公室，二层有两个小会议室，三层有一个大会议室。该建筑每天运行时间为 8：00 ～ 17：00，全部为自用，使用率 100%。

1.2　建筑节能技术

1.2.1　建筑围护结构节能技术

外保温采用植物聚氨酯发泡材料，属于可再生的、环境友好的隔热保温材料，导热系数小于 0.023W/（m·K），该材料利用了农业废弃物，原材料可再生，降低了传统聚氨酯材料对石油的依赖（图 1-1）。建筑物北向外立面设置外遮阳措施，白天不对周边环境产生光反射，建筑物内设有内遮阳措施，可以避免太阳光射入而引起的冷负荷增加，减少空调系统的耗电量。

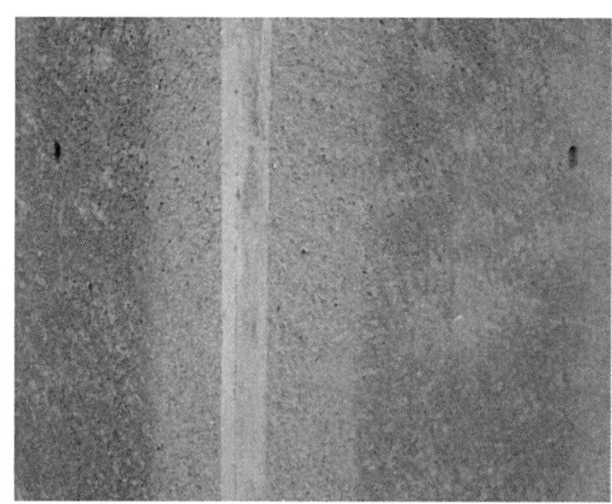

图 1–1　围护结构

1.2.2　暖通空调系统节能技术

该建筑采用的空调系统形式为：档案馆设低速全空气系统，冬季采用水喷雾加湿方式；会议室采用低速全空气系统；中庭采用风机盘管加新风系统，并采用立式暗装风机盘管；办公室部分采用风机盘管加新风系统，新风按层设置；消防控制室分别设置自带冷热源的分体式空调器。空调系统送风口与回风口参见图 1-2。所采用的节能技术：全空气系统的新风入口及其通路按全新风配置，通过调节系统的新、回风阀开启度，可实现过渡季节按全新风运行，空调季节按最小新风比运行。空调机、新风机的新风入口管上设电动对开多叶调节阀，该阀与相应的空调机和新风机连锁。会议室设有室外温、湿度传感器，可以按室外温度或焓值控制新风阀开度，新风比的调节范围在 15% ～ 100%。空调系统控制装置参见图 1-3。

图 1–2　空调送风口及回风口（一）

图 1–2　空调送风口及回风口（二）

水源热泵系统：以地表水为冷热源，机房面积大大小于常规空调系统，节省建筑空间，也有利于建筑的美观。水源热泵消耗 1kWh 的电量，用户可以得到 4.3 ～ 5.0kWh 的热量或 5.4 ～ 6.2kWh 的冷量。与空气源热泵相比，其运行效率要高出 20% ～ 60%，运行费用仅为普通中央空调的 40% ～ 60%。

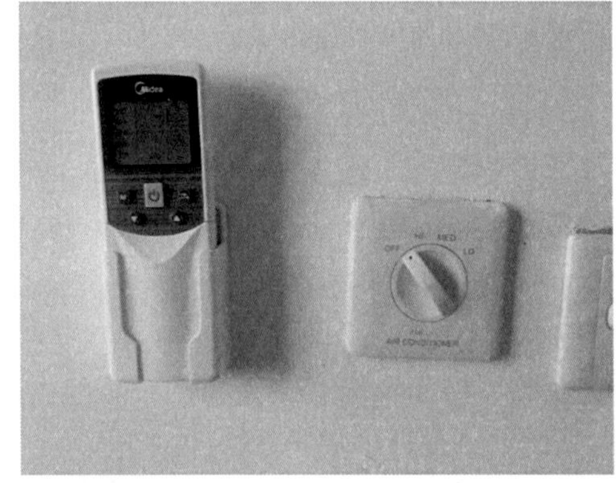

图 1–3　空调系统控制装置

1.2.3　高效照明系统节能技术

（1）大厅、中庭主要以节能灯为主，如图 1-4 所示；办公区域照明采用人工照明结合室外自然光分区照明控制，随着室外光线强弱变化，开闭室内的一组或数组灯具，满足房间的照度要求。

（2）光环境系统优化设计，90% 的功能区采光系数满足标准要求。玻璃顶自然采光如图 1-5 所示。会议室采用内遮阳措施，参见图 1-6。

（3）建筑的植物设计包括一层绿化空间，如图 1-7 所示。植物配置选用适合当地生长、易于养护的乡土树种。改善室内空气品质，提升人体舒适度。

图 1-4　大厅节能灯

图 1-5　玻璃顶自然采光

图 1-6　会议室内遮阳

图 1-7　建筑室内绿化空间

1.2.4　可再生能源建筑应用技术

该建筑冷热源设备为水源热泵机组，水源为浅层地下水，采用真空回灌的地下水回灌方式。水源热泵冬季 24h 运行，夏季温度控制，夜晚关闭。水源热泵机组的节能特点有以下几点。

（1）高效节能。水源热泵机组可利用的水体温度冬季为 12 ～ 22℃，水体温度比环境空气温度高，所以热泵循环的蒸发温度提高，能效比也提高。而夏季水体温度为 18 ～ 35℃，水体温度比环境空气温度低，所以制冷的冷凝温度降低，使得冷却效果优于风冷式和冷却塔式，从而提高机组运行效率。水源热泵消耗 1kWh 的电量，用户可以得到 4.3 ～ 5.0kWh 的热量或 5.4 ～ 6.2kWh 的冷量。与空气源热泵相比，其运行效率要高出 20%～ 60%，运行费用仅为普通中央空调的 40% ～ 60%。

（2）节水省地。以地表水为冷热源，向其放出热量或吸收热量，不消耗水资源，不会对其造成污染，机房面积大大小于常规空调系统，节省建筑空间，也有利于建筑的美观。

（3）环保效益显著。水源热泵机组供热时省去了燃煤、燃气、燃油等锅炉房系统，无燃烧过程，避免了排烟、排污等污染；供冷时省去了冷却水塔，避免了冷却塔的噪声、霉菌污染及水耗。所以，水源热泵机组运行无任何污染，无燃烧、无排烟，不产生废渣、废水、废气和烟尘，不会产生城市热岛效应，对环境非常友好，是理想的绿色环保产品。

（4）运行稳定可靠，维护方便。水体的温度一年四季相对稳定，其波动的范围远远小于空气的变动，水体温度较恒定的特性，使得热泵机组运行更可靠、稳定，也保证了系统的高效性和经济性。采用全电脑控制，自动程度高。由于系统简单、机组部件少，运行稳定，因此维护费用低，使用寿命长。

（5）可再生能源利用技术。水源热泵是利用了地球水体所储藏的太阳能资源作为冷热源，进行能量转换的供暖空调系统，水源热泵利用的是清洁的可再生能源的一种技术。

建筑水源热泵系统示意图参见图 1-8。

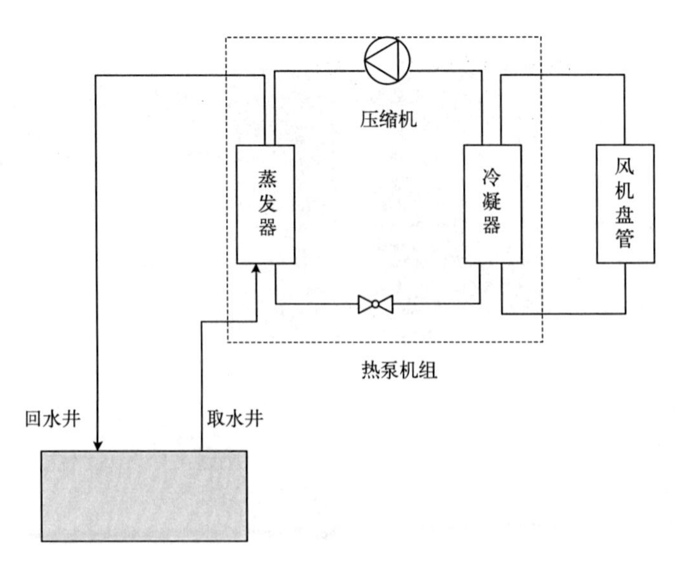

图 1-8　水源热泵系统示意图

1.3 建筑能源管理

1.3.1 管理机构

该建筑能源管理由动力中心部门统一管理。该能源管理机构梯级分布情况主要分为三级：中心负责人、部门主管及工作人员。能源管理中心横向分组共分为动力服务中心、水暖中心、电力中心和卫生绿化中心四个部门。

（1）中心负责人是整个建筑能源管理的负责人，负有整个建筑的用能管理职责，对本建筑负责节能计划的实施、节能工作的管理、员工节能技术的培训，对外部门负责工作协调，包括设备维修、会议跟进、人事变动、消防检查、材料采购及费用预算等，另外也要负责配合政府相关部门的检查及设备年审。

（2）各部门主管则相互配合做好各部门节能计划的具体实施、节能的管理工作及设备的运行保养。各部门工作人员按照主管要求落实日常运行、检查、维修工作。

（3）各管理中心也有着明确的职责：动力服务中心负责机房水源热泵机组的正常运行和及时维护；水暖中心配合动力服务中心负责建筑供冷，以及建筑给水的正常运行和及时维护；电力中心管辖高低压配电系统、照明系统、动力用电系统、楼宇自控系统、消防系统（电器方面）等，负责所有机电设备的日常运行、保养和维修工作的安排与工程质量跟踪等；卫生绿化中心负责维护建筑内的卫生及绿化面积的养护等方面的工作。

该建筑有一套完善、明确的管理制度，尤其是在动力中心统一的管理下，对动力服务中心、水暖中心、电力中心和卫生绿化中心等部门的职责做出了非常明确的规定，如图 1-9 所示。

图 1–9 水暖中心管理制度

1.3.2 管理现状

由于该建筑采用空调系统供冷、地下水给水系统等，有供冷系统、给水系统和供电系统完整的管理交接班制度和记录。

1.4 建筑能耗分析

该建筑的能源种类有电能和水，统一采用清华大学编写的《中美清洁能源联合研究中心建筑节能合作项目数据处理办法》中提出的“建筑能耗数据描述方法”，采用统一的建筑能耗数据模型来进行数据的处理和分析。

1.4.1 建筑总能耗分析

(1) 电耗

该建筑具备可比较的全年常规耗电量的条件，具有2011年4月～2012年3月逐月耗电量的统计数据，累计全年耗常规电量为1099123kWh。图1-10为2011年4月～2012年3月逐月耗电量对比图。由图明显可以看出，12月份为全年耗电峰值，耗电量达155456.09kWh；8月份为耗电谷值，耗电量为14097.73kWh，峰谷差为141358.36kWh；这是由于该建筑在8月份停止工作，只维持其正常的设备运行。7、9月份为空调季，大部分设备开始运行，空调用电量是导致建筑用电量上升的主要原因之一，致使7、9月份的电耗相对于相邻月份有较大的提升。11月至3月为冬季空调供暖季，用电量平均在130000kWh左右，是全年用电量最大的月份，空调供暖成为主要的耗电量设施。而过渡季节用电量相对比较平均，大概为空调季节的1/3。

不考虑8月份，该建筑月耗电量与室外温度有明显的相关性，耗电量的峰值与夏季7、9月份的高温和冬季12月、1月份的低温相对应，而耗电量的谷值与过渡季节相对应。夏季、冬季的耗电量与室外温度有较高的一致性。这是由于该建筑处于严寒地区，夏季温度较高，湿度大，空调耗电量大；冬季气温低，热负荷大，空调耗电量大；而春秋两季气候温和，能耗很小。由以上分析可知，室外气候参数为影响建筑总耗电量的主要因素。

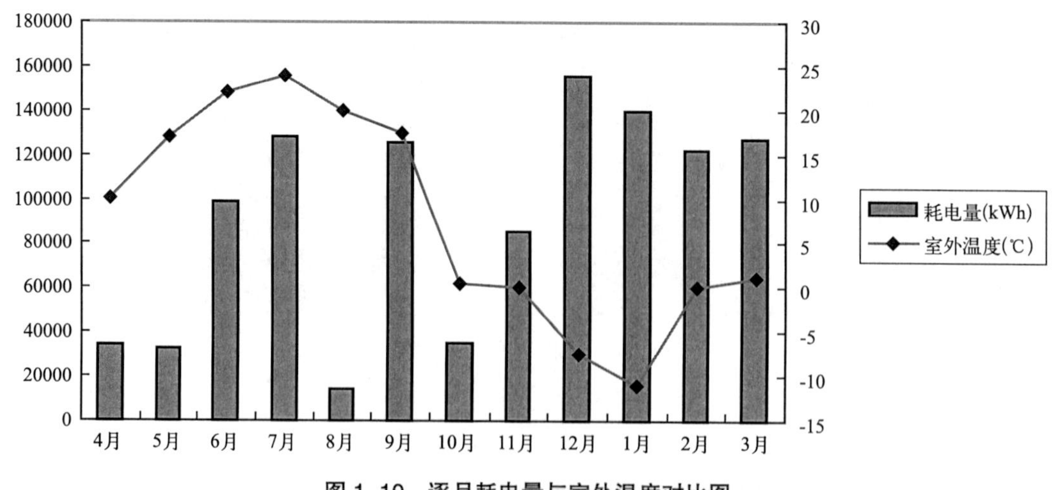

图1-10 逐月耗电量与室外温度对比图

（2）水耗量

该建筑有 2011 年 1 ～ 12 月逐月耗水量的统计数据，累计全年耗水量为 815t。图 1-11 为 2011 年 1 ～ 12 月逐月耗水量对比图。由图明显可以看出，全年用水量比较平均，5 月份为全年耗水量峰值，耗水量达 84t；2 月份为耗水谷值，耗水量为 36t，峰谷差为 48t，且谷值到峰值的耗水量相差很多，波动比较大，这是由于建筑物本身的特点所决定的。建筑用水量高峰分别是 1、5、7、9 月，没有明显的一致性变化，而过渡季用水量相对平均。由以上分析可知，气象条件已经不能成为影响建筑耗水量的主要因素。

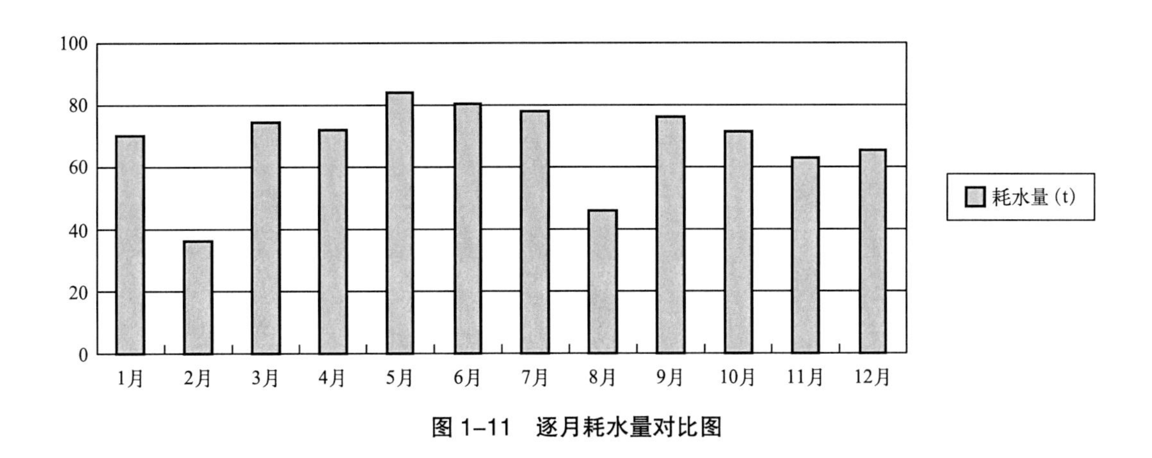

图 1-11　逐月耗水量对比图

该建筑全年耗水量 815t，全年单位面积耗水量 $0.07t/m^2$，全年人均耗水量 4.075t。这一耗水量为建筑内工作人员卫生用水和建筑内清洁用水。因为水源热泵负责区域为本次调研办公建筑和整个教学区，对于办公楼所用地下水没有相关仪表统计数据，所以无法得到该办公建筑水源热泵系统的用水。

1.4.2　建筑分项能耗分析

对 2011 年 4 月～ 2012 年 3 月近一年该建筑的各分项电耗进行拆分分析，形成全年各分项能耗百分比图及逐月分项能耗数据图，如图 1-12、图 1-13 所示。

空调采暖系统和空调供冷系统能耗占建筑总能耗比例分别为 40.17% 和 23.87%；其次是照明系统及办公设备用能；比重最小的是消防设备，占 0.37%。其中其他系统用能为风机、电梯、其他用能设备、建筑内服务系统之和。除去空调季节该建筑每月照明和办公设备为主要电耗部分，这符合办公建筑的特点；在空调季节，6 月、7 月和 9 月，以及空调采暖期 11 月～次年 3 月，空调系统耗电量占该月份电耗的主要部分，这些月份的耗电量远高于过渡季节，该办公建筑的空调耗电量较大。

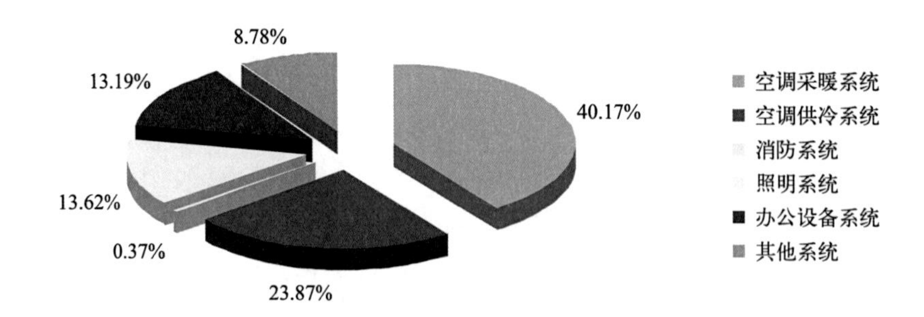

图 1-12　建筑分项能耗百分比图

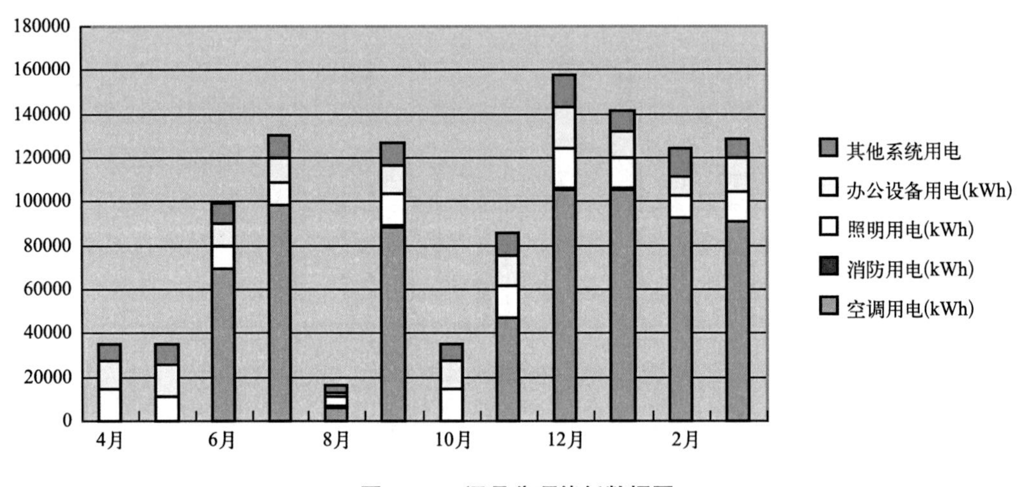

图 1-13　逐月分项能耗数据图

1.5　室内环境

建筑室内的温、湿度直接影响着人体的热、湿感受和舒适度；CO_2 是室内空气品质的重要指标；照度也是室内环境评价的重要参数之一。因此，课题组针对该办公楼选取 22 个测点，对室内温度、湿度、CO_2 浓度和照度等基本参数进行测试，测试仪器采用温湿度自记仪、CO_2 浓度测试仪、照度计等。测定及评价结果见表 1-1。

室内温度和相对湿度测试结果　　表1-1

测试时间	2012-3-7上午9:00～12:00		
测试地点	沈阳某大学校部办公楼	温度（℃）	相对湿度（%）
平均值		19.54	26.86
测试时间	2012-3-7下午14:00～17:00		
测试地点	沈阳某大学校部办公楼	温度（℃）	相对湿度（%）
平均值		20.47	25.18

按照建筑热工分区，沈阳市属于严寒地区，该建筑供暖时间为 2011 年 11 月～ 2012 年 3 月。本次测试时间为 3 月 7 日，其气候还较为寒冷干燥，测试当天的室外温湿度为 10.75℃，35%。因而本次调研应按照《室内空气品质标准》GB/T 18883-2002 中规定冬季采暖室内温度范围为 16 ～ 24℃、相对湿度范围为 30% ～ 60% 的室内空气质量标准，根据实测结果对该建筑室内热环境进行评价。实测结果显示，室内各测点的温度在该标准规定的范围内，但相对湿度偏低。因此根据《国家机关办公建筑和大型公共建筑能源审计导则》规定，该建筑室内热环境评价等级为 B。

室内CO_2浓度测试结果 **表1-2**

测试时间	2012-3-7上午9:00～12:00	
测试地点	沈阳某大学校部办公楼	CO_2浓度（ppm）
平均值		502
测试时间	2012-3-7下午14:00～17:00	
测试地点	沈阳某大学校部办公楼	CO_2浓度（ppm）
平均值		578

《室内空气品质标准》GB/T 18883-2002 中规定室内 CO_2 的浓度不得超过 1000ppm，根据实测结果对该建筑室内热环境进行评价。测试结果（表 1-2）显示，该建筑室内各测点的 CO_2 浓度在该标准规定的范围内，因此根据《国家机关办公建筑和大型公共建筑能源审计导则》规定，该建筑室内空气品质评价等级为 A。

室内照度测试结果 **表1-3**

测试时间	2012-3-7上午9:00～12:00	
测试地点	沈阳某大学校部办公楼	桌面照度（lx）
平均值		1596
测试时间	2012-3-7下午14:00～17:00	
测试地点	沈阳某大学校部办公楼	桌面照度（lx）
平均值		1396

根据实测结果可知，该建筑室内照度基本上符合《建筑照明设计标准》GB 50034-2004 中所规定的办公建筑照度标准值要求，多数房间选择了自然采光的方式，而照度未能达到办公建筑照度标准值要求，室内照度测试结果如表 1-3 所示。该建筑自然采光率达到 50% 以上，在一定程度上降低了建筑照明的能耗。

2 沈阳某商城

【建设单位】沈阳某地产有限公司
【竣工时间】2011 年 5 月

2.1 建筑概况

该商城位于沈阳市和平区，总高度 37m，地下 3 层，地上 6 层。地下为停车场和换热站机房，地上一～六层为商场，五层设有休闲娱乐区，六层设有餐饮区。总建筑面积 257270 m^2，空调和采暖面积 224430 m^2。

建筑东西朝向，标准层层高 6m，一层层高为 7.8m，二～五层为标准层。地下一～三层为停车场，地上一～六层为商铺，五层设有一个大型滑冰场，六层设有餐厅。地下二～三层主要功能为车库、消防水池、简易消洗间和设备机房；地下一层为车库和中水水库房。该建筑每天运行时间为 9 : 30 ～ 22 : 00，全部用于商用，使用率 100%。

建筑结构形式采用钢筋混凝土剪力墙结构，外墙材料为空心黏土砖块，外窗为中空双层玻璃窗，窗框材料为断热铝合金窗框，玻璃类型为低辐射镀膜（Low-E）玻璃，无遮阳。外保温采用：外墙为聚苯板保温、屋面为挤塑板保温、接触室外空气地板为外贴聚苯板保温、非采暖房间与采暖房间隔墙为聚合物保温浆料、地下二层顶板（上部为商业处）为顶板贴硬质岩棉板。外墙（包括非透明幕墙）传热系数为 0.41 W/（$m^2 \cdot K$）；屋面传热系数为 0.44 W/（$m^2 \cdot K$）；单一朝向外窗（包括透明幕墙）传热系数为 0.80 W/（$m^2 \cdot K$）。

该地区建筑用电实行峰谷分时计费，其峰时电价为 1.1898 元 / 度，平时电价为 0.7932 元 / 度，谷时电价为 0.3966 元 / 度，基本电费 0.98 元 / 度，未使用绿电。采暖采用市政热网热水，采暖期从 11 月 1 日到 3 月 30 日，共 5 个月，固定收费 300 万元。建筑用水来自市政供水，水价为 4 元 /t，排污价为 4 元 /t。

2.2 建筑节能技术

2.2.1 建筑围护结构节能技术

围护结构热工性能指标除底面接触室外空气的架空或外挑楼板传热系数（K=3.7）不满足标准的规定外，其余均满足要求，采用围护结构热工性能权衡计算法进行能耗计算，结果为节能 54.2% 。外保温采用植物聚氨酯发泡材料，属于可再生的、环境友好的隔热保温材料，导热系数小于 0.023（10℃）W/（$m \cdot K$），该材料利用了农业废弃物，原材料可再生，降低了传统聚氨酯材料对石油的依赖。建筑物外立面玻璃采用低反射率的Low-E 中空玻璃，幕墙保温，电动遮阳卷帘。部分围护结构如图 2-1、图 2-2 所示。

图 2–1 玻璃幕墙

图 2–2 外表面贴砖

2.2.2 暖通空调系统节能技术

该建筑采用多种空调制冷形式，商场主要区域采用水环空调、冷却塔与风机盘管结合。所采用的节能技术：各楼层均采用全热回收新风系统。通过新风与排风的热交换，回收部分冷量，新风热回收机组焓交换效率大于 60%；全空气系统的新风入口及其通路按全新风配置，通过调节系统的新、回风阀开启度，可实现过渡季节按全新风运行，空调季节按最小新风比运行。全空气系统的新风入口及其通路按全新风配置，通过调节系统的新、回风阀开启度，可实现过渡季节按全新风运行，空调季节按最小新风比运行。

根据建筑功能和负荷特点，采用多种空调系统，细化空调分区，分别进行空调系统的设计。部分负荷和部分空间使用时，对冷热源和输配系统进行合理调配。冷却塔和冷却水泵随负荷变化进行运行台数调节或变频调节。

2.2.3　高效照明系统节能技术

大厅、走道分别采用 T5 和 T8 荧光灯；办公区域光源选用 T5 灯管；其他公共区域采用 T8LED 灯。办公区域照明采用人工照明结合室外节能采光分区照明控制，随着室外光线强弱变化，开闭室内的一组或数组灯具，满足房间照度要求。车库照明灯如图 2-3 所示，商场节能灯如图 2-4 所示，商场楼顶设置内遮阳措施参见图 2-5。商场整体照明效果参见图 2-6。

图 2-3　车库照明灯

图 2-4　商场节能灯

图 2-5　楼顶内遮阳

图 2-6 宽敞明亮的购物商场

2.3 建筑能源管理

2.3.1 管理机构

该商场能源利用由该商场专业人员统一管理。该能源管理机构由总工程师主管，下面梯级分为部门主管、项目主管和工作人员。总工程师主要负责整座商场的正常运行，指导和分配部门主管负责自己部门主管的任务和工作，同时协调各部门之间的相互工作。部门主管负责本部门的相关日常工作，维护商场正常运行，分配下属工作人员落实工作任务，同时配合其他部门的相关工作。各部门工作人员主要负责落实本部门的工作。能源管理机构横向分组共分为综合服务管理中心、电力服务中心、水暖服务中心、商场安保服务中心、售后服务中心和机房控制中心六个部门。

2.3.2 管理现状

该建筑在建设绿色建筑的过程中，特别注重节电、节水的宣传，不断完善能源管理的体系建设，形成了节能减排、科学规划的良好氛围。并且该建筑有一套完善、明确的管理制度，尤其是综合服务管理中心、电力服务中心、水暖服务中心、商场安保服务中心、售后服务中心和机房控制中心六个部门的职责做出了非常明确的规定，几个部门的运行记录如图 2-7 所示。设备控制室参见图 2-8，换热站能耗统计表参见图 2-9。

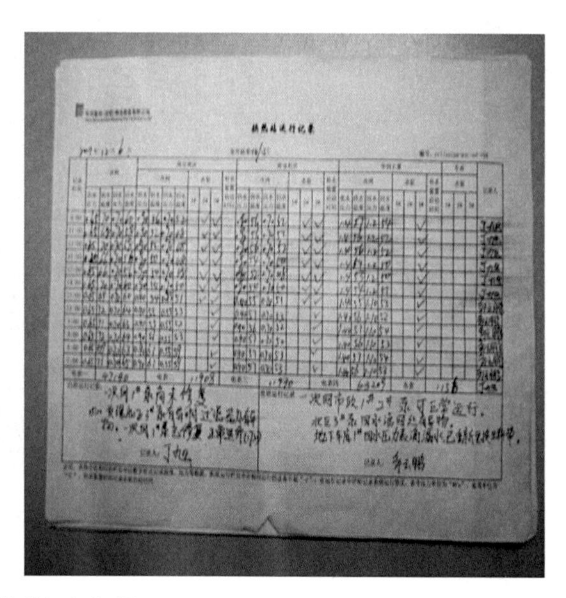

图 2–7　换热站运行记录

图 2–8　设备控制室

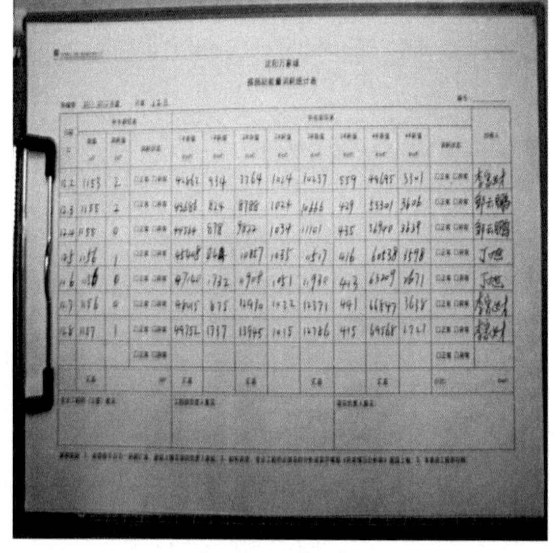

[illegible]	[illegible]	[illegible]	[illegible]	[illegible]	[illegible]	[illegible]	[illegible]	[illegible]	[illegible]	[illegible]	[illegible]	[illegible]	[illegible]
12.2	1153	2	[illegible]	44662	934	7764	1024	10237	559	44695	3301	[illegible]	李宗财
12.3	1155	2	[illegible]	45688	824	8788	1024	10666	429	53301	3606	[illegible]	郭云鹏
12.4	1155	0	[illegible]	44514	878	9822	1034	11101	435	56940	3639	[illegible]	郭云鹏
12.5	1156	1	[illegible]	45408	864	10857	1035	11517	416	60538	3598	[illegible]	丁旭
12.6	[illegible]	0	[illegible]	47160	1732	11908	1051	11930	413	63209	2671	[illegible]	丁旭
12.7	1156	0	[illegible]	48615	675	12910	1032	12371	441	66847	3638	[illegible]	李宗财
12.8	1157	1	[illegible]	49752	1737	13945	1015	12786	415	69568	1761	[illegible]	李宗财

图 2–9　换热站能耗统计表

2.4　建筑能耗分析

该建筑的能源种类有电能和水，统一采用清华大学编写的《中美清洁能源联合研究中心建筑节能合作项目数据处理办法》中提出的“建筑能耗数据描述方法”，采用统一的建筑能耗数据模型来进行数据的处理和分析。

2.4.1 建筑总能耗分析

（1）电耗

该建筑具有2011年6月～2012年5月逐月耗电量的统计数据，累计全年耗常规电量为36177392kWh。图2-10为2011年6月～2012年5月逐月耗电量对比图。由图明显可以看出，3月份为全年耗电峰值，耗电量达4100000kWh；5月份为耗电谷值，耗电量为1237392kWh，峰谷差为2862608kWh。10月份为空调季，大部分设备开始运行，空调用电量是导致建筑用电量上升的主要原因之一，致使该建筑的电耗相对周围的月份有较大的提升。11月～3月为冬季空调供暖季，用电量比较平均，在3500000kWh左右，是全年用电量最大的月份，空调供暖成为主要的耗电量设施。而过渡季节用电量相对比较平均，大概为空调季节的1/2。

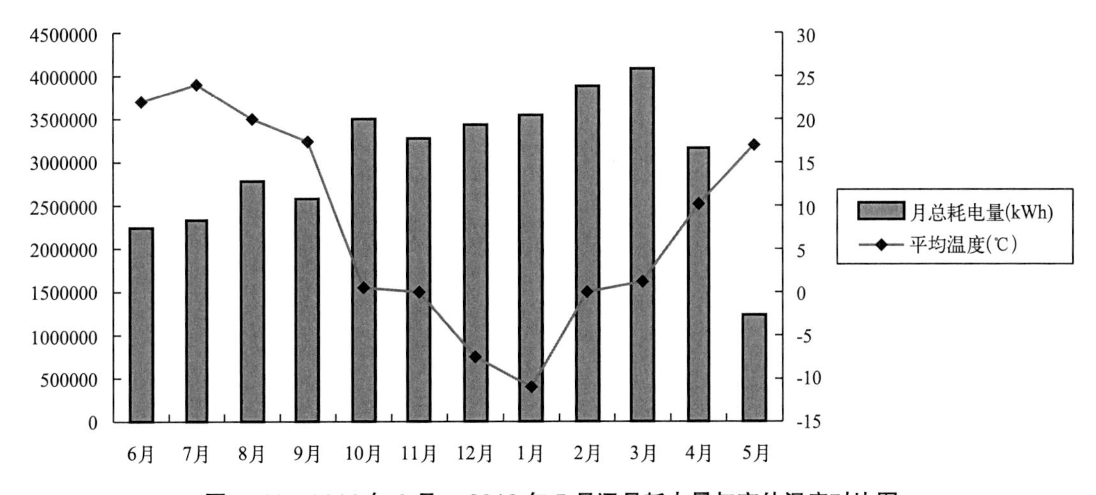

图2-10 2011年6月～2012年5月逐月耗电量与室外温度对比图

由图2-10可知，该建筑月耗电量与室外温度有明显的相关性，耗电量的峰值与夏季10月份的高温和冬季2月、3月份的低温相对应，而耗电量的谷值与过渡季节相对应。夏季、冬季的耗电量与室外温度有较高的一致性。这是由于该建筑处于严寒地区，夏季温度较高，湿度大，空调耗电量大；冬季气温低，热负荷大，空调耗电量大；而春秋两季气候温和，能耗很小。由以上分析可知，室外气候参数为影响建筑总耗电量的主要因素。

（2）水耗量

该建筑用水为市政供水，具有2011年6月～2012年5月逐月耗水量的统计数据，累计全年耗水量为81967.4t，排水量65574.1t。图2-11为2011年6月～2012年5月逐月耗水量对比图。

从图2-11明显可以看出，11月～3月用水量比较平均，耗水量达3858.4t，排水量15433.6t；其余月份耗水量为9217.2t，排水量36868.8t，峰谷差为5358.8t，这是由于除去供暖季节，空调用水量较大造成的，而且商场建筑用水量比较平均，波动不大。该建筑的全年单位面积耗水量指标为0.32t/m^2，全年人均耗水量81.96t，本次调研统计的该商场建筑的耗水量包括商场卫生清洁用水和空调系统用水。

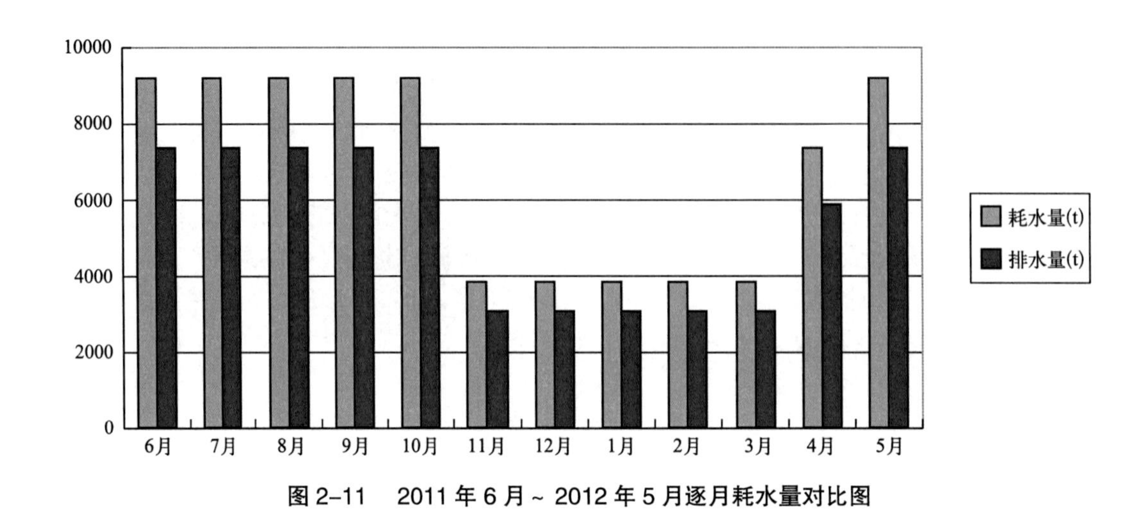

图 2-11　2011 年 6 月 ~ 2012 年 5 月逐月耗水量对比图

2.4.2　建筑分项能耗分析

对该建筑 2011 年 6 月 ~ 2012 年 5 月近一年各分项电耗及其占总电耗的百分比分析，如图 2-12 所示，拆分合计总年耗电量为 34156450kWh，与能源账单的 36177392kWh 相差 5.9%，这个差值包括该建筑餐饮区无法拆分的热水、燃气、电力等以及其他特殊区域无法拆分的能耗损失。但这些无法在分项能耗中统计的能耗在该建筑按照功能进行能耗分析的表中可以体现。

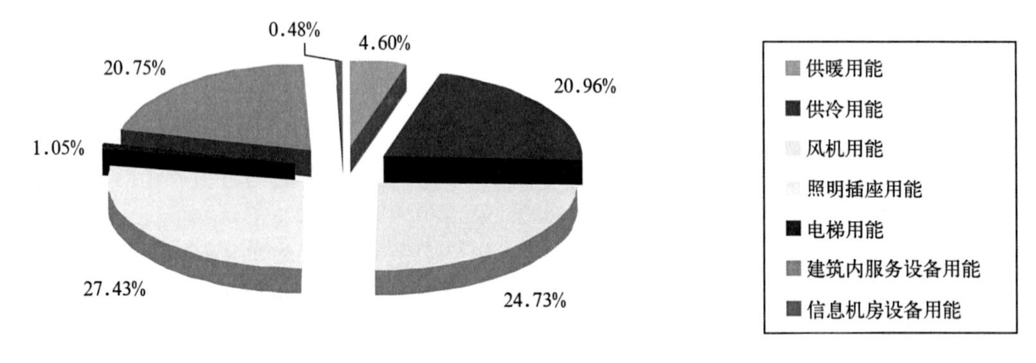

图 2-12　2011 年 6 月 ~ 2012 年 5 月建筑分项能耗百分比图

图 2-12 所示为建筑全年运行能耗中各分项能耗占总能耗的比重。可以看出，照明用能、风机用能和供冷用能系统能耗占建筑总能耗比例最大；其次是建筑内服务设备用能及供暖用能；比重最小的是信息机房设备用能。根据年耗电总量及各分项能耗百分比，计算出各分项能耗值，并根据各区域面积计算建筑各分项能耗指标，见表 2-1。

建筑分项能耗指标 **表2-1**

分项	年耗电量（kWh）	单位面积分项能耗指标（kWh/（m^2·a））	单位人数分项能耗指标（kWh/（人·a））
供暖用能	1571000	7.00	785.50
供冷用能	7160000	31.90	3580.00
风机用能	8442000	32.81	4221.00
照明插座用能	9370000	36.42	4685.00
电梯用能	360000	1.40	180.00
建筑内服务设备用能	7088450	27.55	3544.23
信息机房设备用能	165000	0.64	82.50
建筑总能耗	34156450	137.72	17078.23

由表2-1可知，建筑全年单位面积总能耗指标为137.72kWh/（m^2·a），它反映了该建筑全年能耗的基本情况。照明、风机、供冷能耗指标较大，反映了商场建筑的基本特性，尤其是此次调研的商场为新建筑，作为高档商场，其内部设施和装饰比较豪华，冬季和夏季对商场内的温度控制要求较高，也就增加了空调的能耗。陈列商品的橱窗都有强光照射，而且照射时间为整个工作时间，从而导致照明能耗的增加。

对该建筑2011年6月～2012年5月近一年各功能区分项电耗及其占总电耗的百分比分析如图2-13所示，其中商场区年耗电量最大为23910000kWh，占总耗电量的68.10%，其次为餐饮区17.83%，最少的为特殊区域0.44%。按照功能计算该建筑的合计年能耗为35107000kWh，与能源账单相差2.9%，分析比较可信。

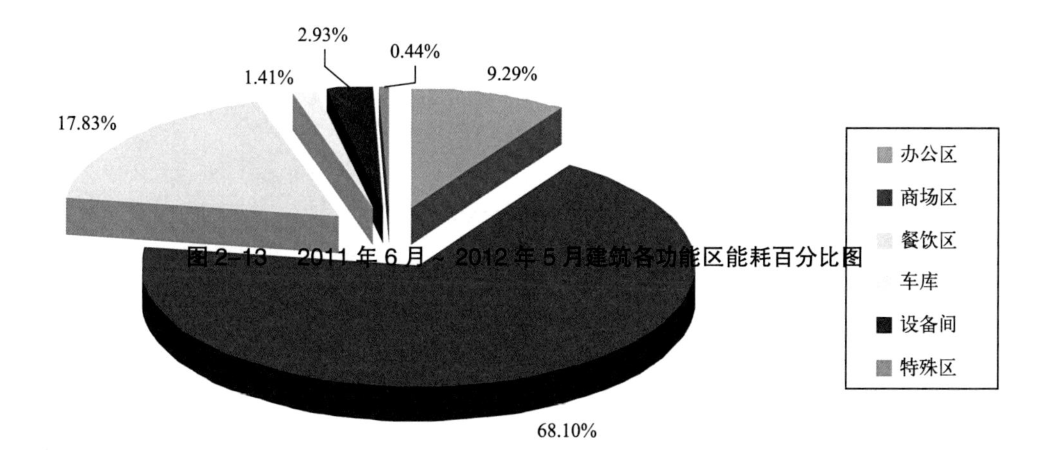

图2-13 2011年6月～2012年5月建筑各功能区能耗百分比图

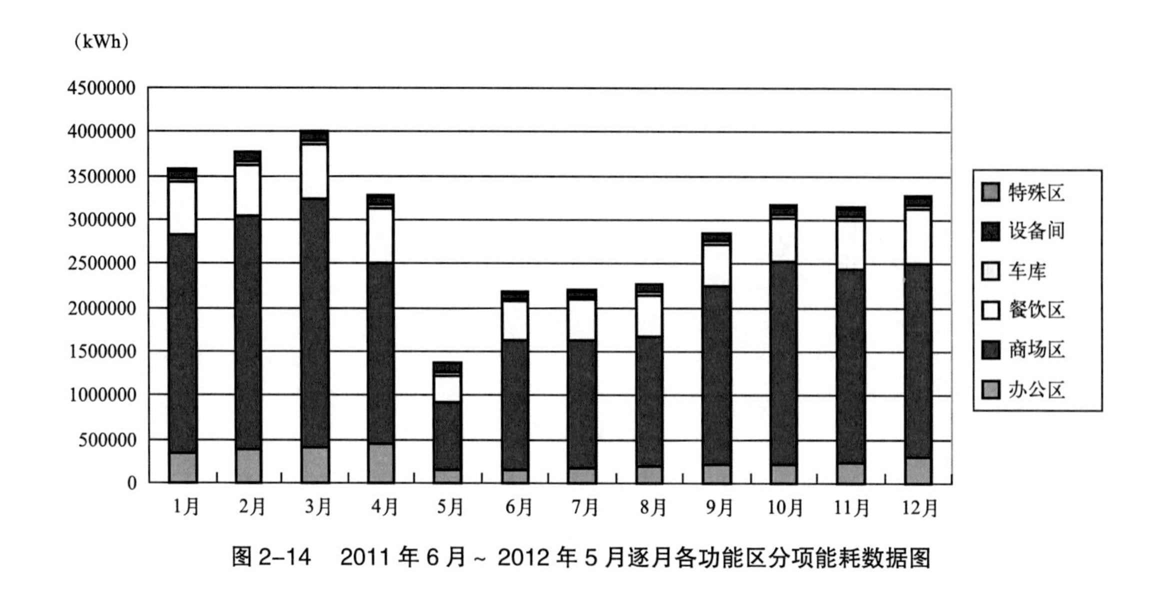

图 2-14 2011 年 6 月 ~ 2012 年 5 月逐月各功能区分项能耗数据图

由图 2-14 可知，每月耗电量主要来自商场区域；办公区域 1 ~ 4 月的耗电量高于其他月份；餐饮区和车库每月用能比较平均，波动不大；特殊区域和设备间每月用能较少，每月波动不大。

2.5 室内环境

该商场是针对东北严寒地区特色，探索目前条件下切实可行的绿色、环境友好型商场的实现方案，图 2-15 为商场室内环境。部分功能区如图 2-16、图 2-17 所示。

图 2-15 商场室内环境

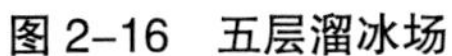
图 2–16 五层溜冰场

图 2–17 六层美食广场

建筑室内的温湿度直接影响着人体的热、湿感受和舒适度，CO_2 是室内空气品质的重要指标，照度也是室内环境评价的重要参数之一，因此，课题组选取了 14 个测点，分别对冬季、夏季的室内温度、湿度、CO_2 浓度和照度等基本参数进行测试，测试仪器采用温湿度自记仪、CO_2 浓度测试仪、照度计等，测试仪器见图 2-18 ～图 2-20。测定及评价结果见表 2-2、表 2-3。

图 2–18 温湿度自记仪 RR002

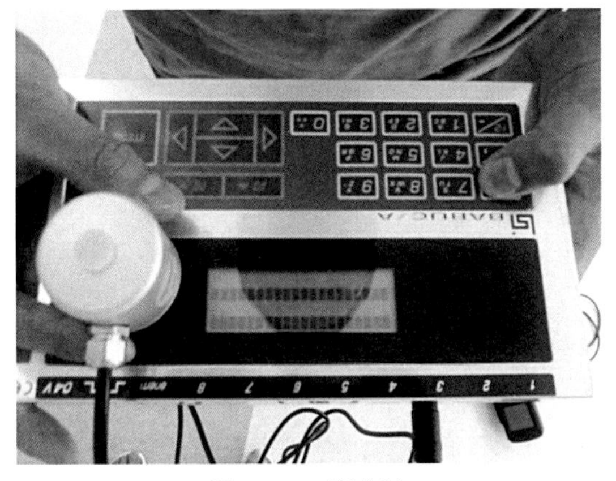
图 2–19 照度计

图 2–20 CO_2 浓度测试仪

冬季室内温度和相对湿度测试结果 表2-2

测试时间	2011-12-20上午9:00～11:00（室外温度-17.2℃）		
测试地点	商城	温度（℃）	相对湿度（%）
平均值		18.53	15.6
测试时间	2011-12-20下午14:00～17:00（室外温度-15℃）		
测试地点	商城	温度（℃）	相对湿度（%）
平均值		21.11	16

夏季室内温度和相对湿度测试结果 表2-3

测试时间	2012-8-3上午9:00～12:00（室外温度30.2℃）		
测试地点	商城	温度（℃）	相对湿度（%）
平均值		26. 8	59
测试时间	2012-8-3下午14:00～17:00（室外温度31.3℃）		
测试地点	商城	温度（℃）	相对湿度（%）
平均值		26.76	58.55

按照建筑热工分区，沈阳市属于严寒地区，该建筑供暖时间为 2011 年 11 月～2012 年 3 月。冬季测试时间为 12 月 20 日，其气候还较为寒冷，应按照《室内空气品质标准》GB/T 18883-2002 中规定冬季空调室内温度范围为 18～22℃，相对湿度范围为 30%～50% 的室内空气质量标准，根据实测结果对该建筑室内热环境进行评价。实测结果显示，室内各测点的温度在该标准规定的范围内，而相对湿度的平均值则偏低，这是由于商场店铺内温度过高、人员密度过大导致的。

夏季测试应按照《室内空气品质标准》GB/T 18883-2002 中规定夏季空调室内温度 26～28℃，相对湿度 50%～65% 的室内空气质量标准。实测结果显示，商场五层娱乐区的温度低于 26℃，这是由于娱乐区为溜冰场，周围空气受其影响温度较低；而相对湿度均在标准规定的范围内。

冬季室内CO_2浓度测试结果 表2-4

测试时间	2011-12-20上午9:00～11:00（室外486ppm）	
测试地点	商城	CO_2浓度（ppm）
平均值		562
测试时间	2011-12-20下午14:00～17:00（室外490ppm）	
测试地点	商城	CO_2浓度（ppm）
平均值		574

夏季室内CO_2浓度测试结果　　表2-5

测试时间	2012-8-3上午9:00～12:00（室外358ppm）	
测试地点	商城	CO_2浓度（ppm）
平均值		562
测试时间	2012-8-3下午14:00～17:00（室外425ppm）	
测试地点	商城	CO_2浓度（ppm）
平均值		574

《室内空气品质标准》GB/T 18883-2002 中规定室内 CO_2 的浓度不得超过 1000ppm，根据实测结果对该建筑室内热环境进行评价。测试结果如表 2-4、表 2-5 所示，该建筑室内各测点的 CO_2 浓度在该标准规定的范围内。

冬季室内照度测试结果　　表2-6

测试时间	2011-12-30上午9:00～11:00（室外1292lx）		
测试地点	商城	参考平面	照度（lx）
平均值		0.75m水平面	1395
测试时间	2011-12-30下午14:00～17:00（室外891lx）		
测试地点	商城	参考平面	照度（lx）
平均值		0.75m水平面	1378

夏季室内照度测试结果　　表2-7

测试时间	2012-8-3 上午9:00～12:00（室外2130lx）		
测试地点	商城	参考平面	照度（lx）
平均值		0.75m水平面	774
测试时间	2012-8-3下午14:00～17:00（室外1853lx）		
测试地点	商城	参考平面	照度（lx）
平均值		0.75m水平面	710

根据实测结果可知，该建筑室内照度基本上符合《建筑照明设计标准》GB 50034-2004 中所规定的商场建筑照度标准值要求，测试结果如表 2-6、表 2-7 所示。冬季照度值比较平均，夏季照度受室外天气情况的影响，不同商品功能区域照度有所不同。

3 北京某大学体育馆

【建设单位】北京某大学
【竣工时间】2007 年 11 月

3.1 建筑概况

本项目位于北京市某高校校园内，建成于 2007 年 11 月，2008 年北京奥运会期间该体育馆承担部分比赛。总建设用地约 2.38hm^2，总建筑面积 24662 m^2，南北长约 229.8 m，东西长约 105.0 m。

该体育馆地下 1 层，地上 3 层，建筑高度 23.75 m，地上建筑面积 22060 m^2，地下建筑面积 2602 m^2。地下部分主要为变电站、制冷机房、水泵房等设备机房及人防地下室。地上一层为羽毛球场地、乒乓球场地和操课房及办公室等辅助用房（赛时为比赛场地及各种辅助用房），地上二层为观众席和一些辅助房间（赛时为观众席及休息厅），地上三层为篮球馆和网球馆及机房设备用房（赛时为临时观众席）。在2008年北京奥运会期间和残奥会期间承担部分比赛项目，该场馆在赛后成为室内综合体育活动中心和水上运动、健身中心，并承接各类室内赛事。

3.2 建筑节能技术

3.2.1 建筑围护结构节能技术

围护结构热工性能指标满足标准的规定。外墙外设35厚挤塑板保温层，在出挑构件和附墙部件均采取断桥及保温措施，窗口外侧同墙面整体保温。外门窗为断桥型铝合金框材，表面氟碳喷涂，6+9+6中空无色玻璃上悬门窗。外窗采用单面Low-E膜、双层中空玻璃。外围护结构如图3-1所示。

体育馆外形上设计简洁，外表面积小，体形系数只有0.11，远低于北京市一般公共建筑体形系数控制在0.3的标准，全面提升了保温性能。

图3-1 建筑外围护结构

3.2.2 暖通空调系统节能技术

整个体育馆内的空调制冷系统设自动控制，根据室外气象参数及建筑物内空调系统的使用状况自动控制冷水机组、水泵及冷却塔的运行状态，以利于节能。所有新风机组和空调机组冷水管道上均安装动态流量平衡电动调节阀，根据室内负荷变化控制冷水流量。全空气系统过渡季按照全新风运行，最大限度利用天然冷源，以达到节能目的。游泳池（不允许空气循环使用）设置热量回收装置，充分回收排风中的冷热量。土建竖井内的送风道采用金属风道，并做保温绝热处理，以防止漏风和能量损失。室内设置CO_2浓度传感器，其输出信号作为新风量调节的基础。冷水机组及软水设备如图3-2、图3-3所示。

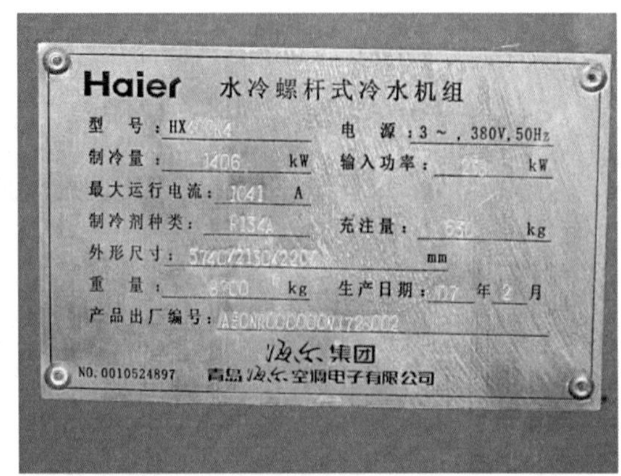

图 3-2　水冷螺杆式冷水机组

图 3-3　全自动软水设备

图 3-4　观众席座椅送风口

3.2.3　末端设备节能技术

根据体育馆功能和负荷特点，采用多种空调系统，细化空调分区，分别进行空调系统的设计。部分负荷和部分空间使用时，对冷热源和输配系统进行合理调配。冷却塔和冷却水泵随负荷变化进行运行台数调节或变频调节。

在主场馆采用了座椅送风、上侧回风的气流组织形式，不仅提高了场馆内的舒适性，也明显降低了场馆的空调能耗。在主场馆屋顶上设置排风机，带走比赛场地上部空间的部分余热（如照明设备散热、围护结构传热等），既减少了系统负荷，又利于室内污染物的排出、改善了场馆内的空气品质。座椅送风口如图 3-4 所示。

在游泳馆采用了热舒适性高的地板辐射供暖，降低了热水供水温度，可以部分利用太阳能热水。

3.2.4　可再生能源建筑应用技术

太阳能光导管：比赛场地的屋顶安装了 148 根光导管，每个光导管相当于 100W 普通白炽灯 6 个左右，充分利用自然采光。

太阳能热水系统：游泳馆的屋顶安装了约 800m^2 的太阳能集热器，主要用于游泳馆的生活热水。

太阳能路灯：体育馆外的路灯为太阳能路灯。

太阳能技术应用如图 3-5 所示。

光导管

太阳能路灯

太阳能集热器

图 3–5 太阳能利用

3.2.5　节水系统及措施

洗浴废水经地埋式处理设备处理后，将作为中水回用于浇洒绿地和冲洗道路。而场馆一层与二层之间的架空平台也可收集雨水，经中水处理设备处理后也能达到回用标准。

3.3　建筑能源管理

3.3.1　管理机构

该体育馆的管理机构分为三级，如图 3-6 所示。场馆能源利用由设备运行部统一管理，设备运行部的主要职责包括：

（1）设备运行部是体育馆水、电、气、暖等各项设备设施运行、维护、检修等工作的管理部门，在体育馆主任领导下开展工作。

（2）负责体育馆强电系统、弱电系统、给水排水系统、空调系统、照明系统、电梯系统、消防系统等楼宇自控系统的运行、维护等管理工作。

（3）配合其他部门根据场地情况安排开、关灯服务。

（4）根据体育馆设备设施运行情况，及时向领导提出设备设施的中修、大修建议。

（5）负责建筑能源管理文件、流程及规章管理制度的起草、制定以及整理存档。

设备运行部下设水暖组和电力组。水暖组负责建筑供冷和给水的正常运行以及维护等工作，对太阳能热水管理和记录。电力组管理高低压配电系统、照明系统、动力用电系统、楼宇自控系统、消防系统（电器方面）等，负责所有机电设备的日常运行、保养和维修工作的安排与工程质量跟踪等。

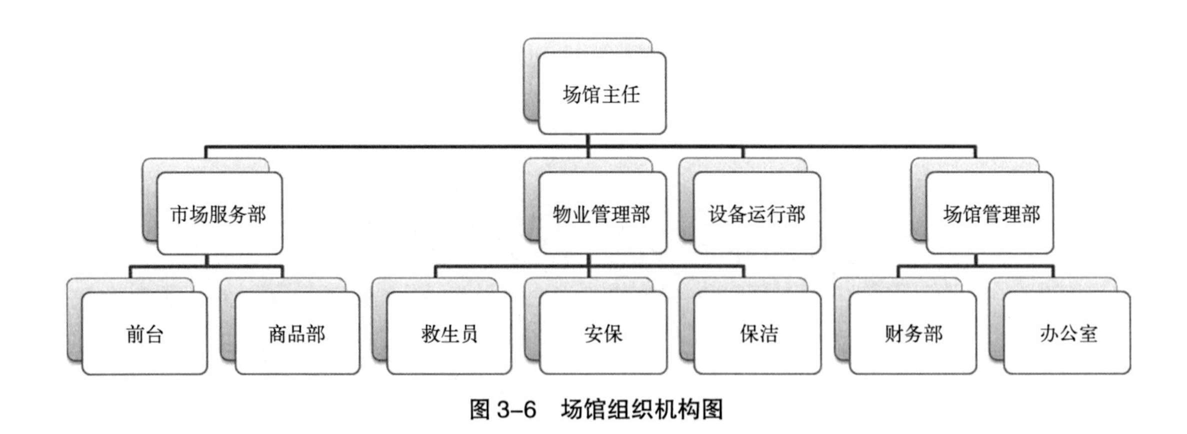

图 3–6　场馆组织机构图

3.3.2　管理现状

体育馆管理在建设绿色建筑的过程中，不断完善能源管理体系建设，形成了一套完善、明确的管理制度，尤其是对设备运行部下设水暖组和电力组的职责做出了非常明确的规定（见图 3-7）。同时，该馆出台了各项能源的管理规定以及相应的节能措施，例如《节约用水工作规程》、《水泵运行日志》、《各种系统的运行记录和规程汇总》等。

体育馆严格贯彻执行自身制定的各种能源管理制度，且在节能宣传上取得了良好的效果，广泛张贴节水节电方面的标识（见图 3-8）。

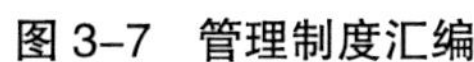
图 3–7　管理制度汇编

图 3–8　节水标识

3.4　建筑能耗分析

3.4.1　建筑总能耗分析

本书对该体育馆 2011 年 1 ～ 12 月的全年耗电量进行了调研和分析，2011 年累计全年耗常规电量为 276028.03kWh，逐月耗电量见图 3-9。

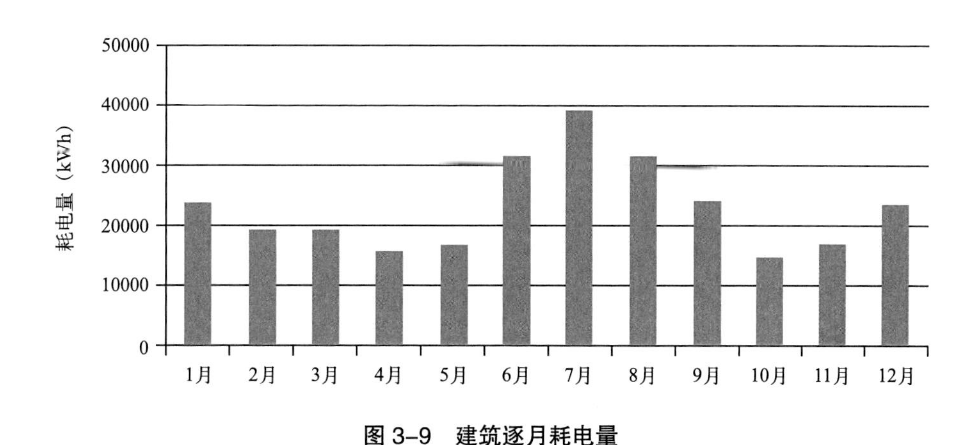

图 3–9　建筑逐月耗电量

从图 3-9 中可以看出，7 月份为夏季耗电峰值，1 月份为冬季耗电峰值，这与北京的气候特点有直接的关系，该体育馆冬夏季均靠空调系统维持室内温度，而春秋两季气候温和，能耗很小。

体育馆 2011 年 1 ～ 12 月的总用水量是 22151t，建筑逐月用水量见图 3-10。

由图可以明显看出，全年用水量比较平均，7 月份为全年耗水峰值，耗水量达

2096t，1 月份为耗水谷值，耗水量为 1612t，峰谷差为 484t。由图还可以明显看出，建筑用水量没有很大的波动，各月份相对稳定，所以建筑的耗水量与室外气象条件没有必然的联系。

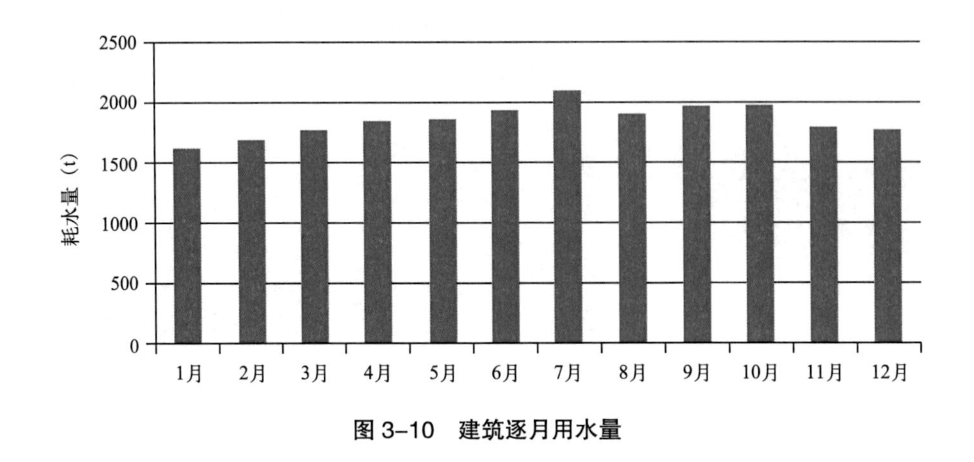

图 3-10　建筑逐月用水量

该建筑全年用水构成如图 3-11 所示，其中大部分用于淋浴，占用水总量的 28%，其次是游泳池用水，可见在体育馆内大多数水用于满足游泳池的用水需求。

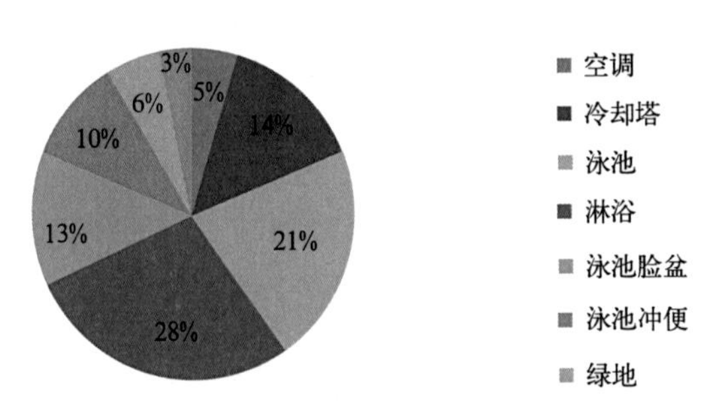

图 3-11　用水构成图

3.4.2　建筑分项能耗分析

体育馆总面积为 24662m^2，建筑内活动人员数约为 220 人。2011 年累计全年耗常规电量为 276028.03kWh。根据年耗电总量及各分项电耗百分比，计算出各分项电耗值和建筑逐月分项能耗，并根据各区域面积计算建筑各分项电耗指标。如图 3-12、图 3-13 所示。

对建筑分项电耗进行比较，将建筑用电拆分为供暖用能、供冷用能、风机用能、照明用能、办公设备用能和建筑服务设备用能，全年总能耗分项比例最大的是供冷用能，占全年总电耗的 28%，供冷与采暖比例之和为 45%，约占总能耗的一半。办公设备用能所占比例较小，原因是体育馆内办公区域较小，办公设备较少。从逐月变化趋势来看，空调系统耗电量随季节变化明显，波动较大，且均在 7 月达到最高，过渡季最低，这是由空调系统的启停引起的。照明、办公和其他设备电耗随季节变化较小，比较平稳。

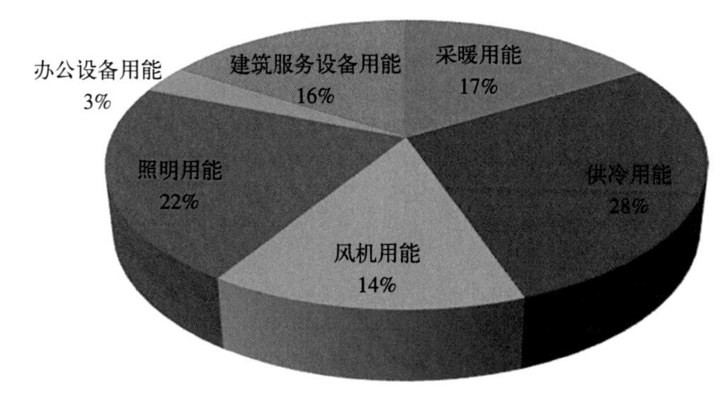

图 3-12 建筑分项能耗比例

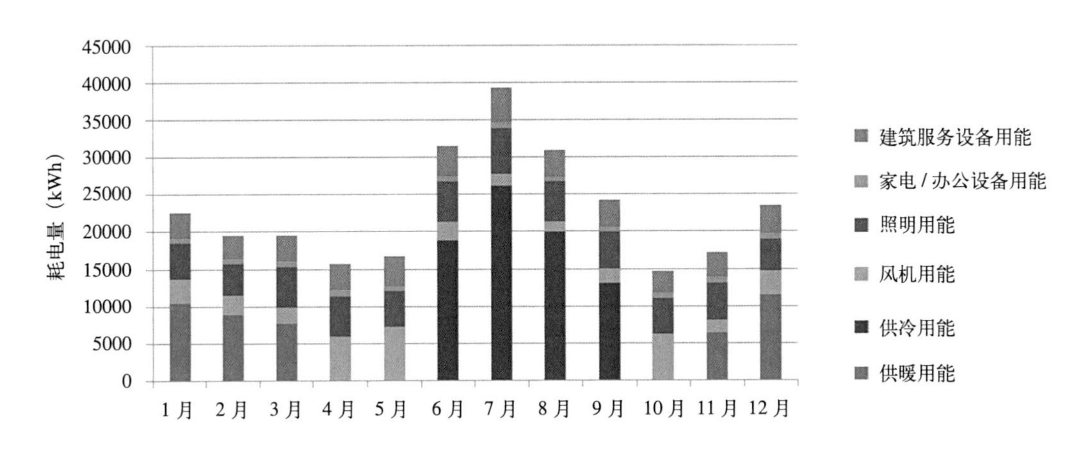

图 3-13 建筑逐月分项能耗

3.5 室内环境

本次调研选取该建筑内不同功能的房间进行了温湿度、CO_2 浓度和照度的测试。测试范围包括乒乓球场地、羽毛球场地及观众席区域。测试仪器采用温湿度计、CO_2 浓度测试仪和照度仪，测试时间为 2011 年 11 月 23 日下午 15 时 40 分和 2011 年 11 月 26 日上午 10 时。室内测试如图 3-14 所示。

测试结果显示，乒乓球馆温度平均值为 15.9℃，CO_2 平均值为 667ppm，照度平均值为 205.8lx；羽毛球馆温度平均值为 15.6℃，CO_2 平均值为 603ppm，照度平均值为 159.8lx；观众席温度平均值为 15.5℃，CO_2 平均值为 619ppm，照度平均值为 29.9lx。

按照《室内空气品质标准》GB/T 18883-2002 中规定夏季空调室内温度范围为 22 ～ 28℃，相对湿度范围为 40% ～ 80%，CO_2 的浓度不得超过 1000ppm，实测结果显示，室内各测点的温度、相对湿度与 CO_2 浓度均在该标准规定的范围内，结合《建筑照明设计标准》GB 50034-2004，体育馆内光环境符合要求。建筑室内环境如图 3-15 所示。

(a) 乒乓球馆

(b) 羽毛球馆

图 3-14　体育馆建筑室内测试

(a) 羽毛球馆

(b) 篮球馆

(c) 乒乓球馆

(d) 网球馆

图 3-15　体育馆建筑室内环境

4 北京市某商业写字楼

【建设单位】北京某股份有限公司
【竣工时间】1999 年

4.1 建筑概况

本项目地处中关村高新技术开发区、金融街及三里河国家行政办公区三大战略要地的交汇中心。该写字楼于 1999 年竣工，2002 年交付使用，拥有多项节能技术，自 2007 年开始开展清洁生产活动，多次对建筑内设备进行节能改造，并于 2011 年荣获北京市首个“绿色建筑运行标识”，等级为一星。

写字楼总建筑面积 86936m^2，建筑内总人数约 3200 人，其中物业公司工作人员约 150 人。该建筑由一个主楼与一个裙楼组成，集办公、购物、社交、娱乐与美食等多种功能于一体。主楼高 125m，地上共 32 层，地下共 4 层，单层面积 1500m²；裙楼高 40m，共 6 层，单层面积 3800m²。

主楼一层为大堂、安保室、监控室等，二、三层均为餐厅酒楼。五层为会议中心，总面积达 3000 m²，拥有大小会议室 13 间及一个能容纳 400 人的多功能厅。六层以上均为办公室。地下共 4 层，主要功能为车库和设备机房。裙楼为银行、餐饮、娱乐等商户。

全楼商用面积为 22830 m²，办公面积为 39006 m²，地下车库面积为 25000 m²。

4.2　建筑节能技术

4.2.1　建筑围护结构节能技术

主楼建筑结构形式采用玻璃幕墙，幕墙类型为6+12A+6中空镀膜玻璃，传热系数为1.77 W/（m²·K）。外窗为上悬窗。主楼外围护结构如图 4-1 所示。

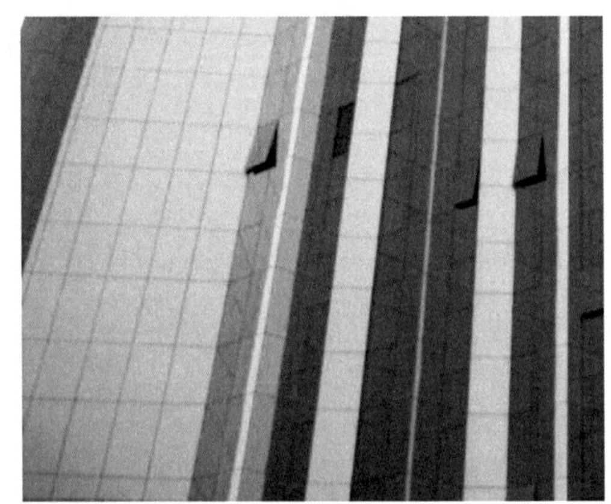

图 4–1　围护结构

裙楼建筑结构形式采用钢筋混凝土框架 - 抗震墙结构体系，外墙为铝板幕墙。外窗为中空双层玻璃窗，窗框材料为铝合金，玻璃类型为镀膜玻璃。

根据设计资料，建筑体形系数为 0.351。各朝向窗墙比为东向 0.4，西向 0.2，南向 0.53，北向 0.54。外墙传热系数为 0.76 W/（m²·K），外窗传热系数为 1.8 W/（m²·K），屋顶传热系数为 0.57 W/（m²·K），玻璃幕墙传热系数为 1.8 W/（m²·K）。

4.2.2　暖通空调系统节能技术

该建筑供冷与采暖均使用空调系统。空调系统为全空气系统与风机盘管 + 新风相结合的形式。其中主楼的六层以上为办公区，全部采用风机盘管 + 新风系统，六层以下和裙楼为餐饮、银行等商户，使用全空气系统。餐厅厨房和地下层均设有排风。

夏季空调系统新风比为 30%，过渡季采用全新风。

在供冷初期和末期的低负荷运行时段，对冷冻泵和机组压缩机采用变频控制技术，通过温压传感器监测供回水温差来调节流量，达到节能的目的。

该建筑冷冻机房设置在地下四层，采用三台约克离心式冷水机组，制冷量为 750 冷吨，功率为 489kW。分别承担风机盘管、新风机组、空调机组的冷量。夏季空调供水温度为 7℃，回水温度为 12℃；新风机夏季出风温度为 20 ～ 24℃。冷水机组如图 4-2 所示。

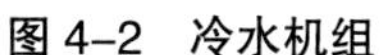

图 4-2　冷水机组

图 4-3　板式换热器

夏季冷冻机组开机时间按照《供冷期间冷冻机组启停标准》执行。每天早晨开机先开启离心机组，使冷冻水出水温度降至 7℃。当冷却水温高于 30℃时开启冷却塔风扇，通过控制风扇开启的数量保持冷却水水温在 32℃供 /37℃回范围内。

冬季利用市政集中供暖的一次热水经板式换热器（图 4-3）换取热水供风机盘管和新风机组使用，一次水供回水温度为 125/50℃，压力为 1.2MPa。

空调供回水均采用双管同程式系统，各层冷水干管设动态流量平衡阀，以保证系统水力工况平衡，3 台冷却塔安装在裙楼楼顶，冷水机组的冷却水经冷却塔冷却后循环使用，进水温度为 37℃，其出水温度为 32℃，通过冷却水循环泵送至冷水机组。冷冻水泵、冷却水泵、冷却塔如图 4-4 ～图 4-6 所示。

图 4-4　冷冻水泵

图 4-5　冷却水泵

图 4-6　冷却塔

大厦主楼六层以上使用风机盘管 + 新风系统，每一层均设有独立新风机房，新风机组与室外新风口相连，负责本层室内新风供应。主楼一～五层与裙楼为全新风系统，每层设有独立空调机组，新风与回风在空调机组中混合，处理至送风状态点后送入室内。新风机组与空调机组共 57 台。空调机组和新风机组如图 4-7、图 4-8 所示。

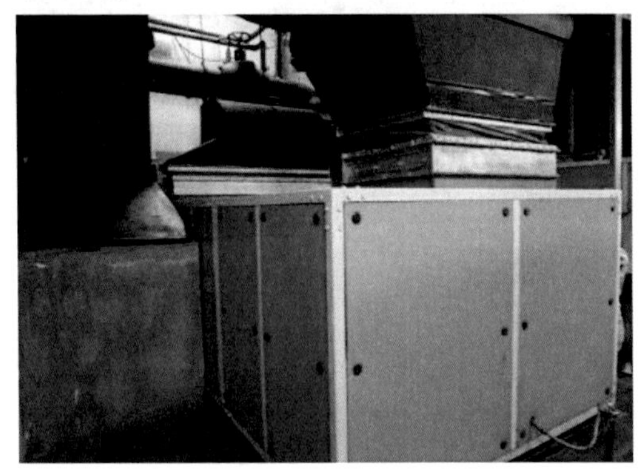

图 4-7　空调机组

图 4-8　新风机组

4.2.3　高效照明系统节能技术

该建筑主楼全部采用玻璃幕墙，自然采光充足。室外照明使用 41 盏 400W 的卤物灯，室内照明中，大堂使用卤物灯，其他公共区域和办公室以节能灯和荧光灯为主，办公区域光源选用 T5 灯管，替代传统的 T8 灯管。商户和办公室照明由客户根据使用情况自行控制，由于楼内不同商户工作时间不同，经常有加班情况，楼内走廊等必要区域的灯 24 小时开启，其他公共区域照明启停时间为 7：00 ～ 22：00，由物业人员统一控制。室内照明如图 4-9 所示。

(a) 大厅

(b) 办公室

图 4-9　室内照明（一）

(c) 会议室

(d) 餐厅

图 4-9 室内照明（二）

4.2.4 节水系统

该建筑采用了中水系统，设中水沉淀池容量 1m^3，中水蓄水池容量 42m^3，生化池容量 22.5m^3，调节池容量 52.5m^3。该中水处理设备收集写字楼内的生活、职工淋浴用水，经过生化处理、石英砂过滤、活性炭吸附等处理方法产生合格中水，回用于大厦楼内卫生用水及冲洗绿化用水。中水设备采用悬挂式填料生物 1 级生化处理工艺，微生物附着于悬挂式填料表面，由曝气机向反应池中曝气，以供给生化反应所需的氧气。

中水工艺流程如图 4-10 所示，中水系统设备如图 4-11 所示。

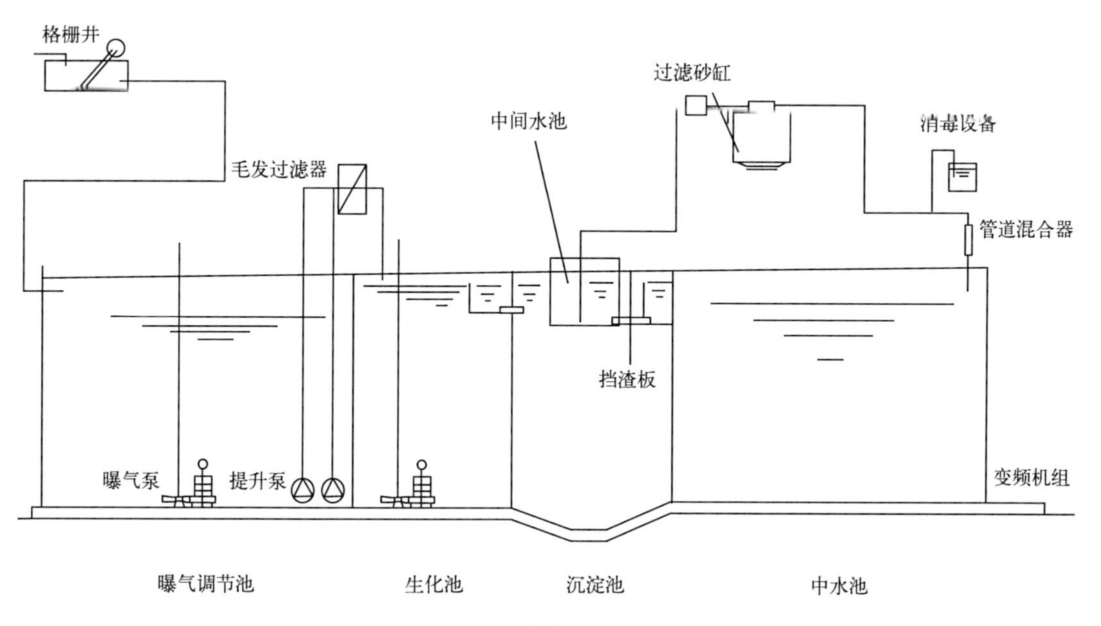

图 4-10 中水工艺流程图

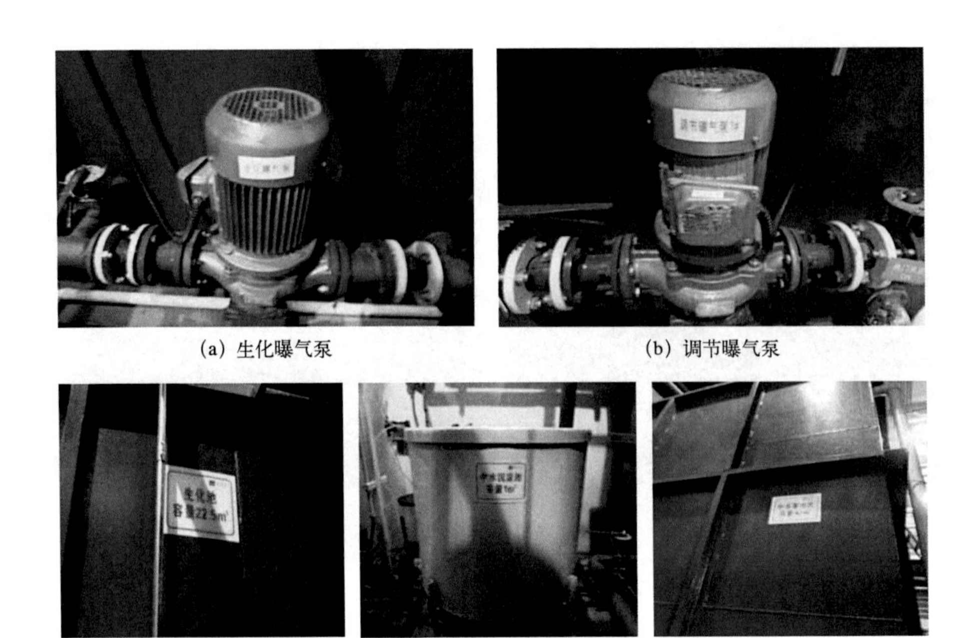

(a) 生化曝气泵　(b) 调节曝气泵

(c) 生化池　(d) 中水沉淀池　(e) 中水蓄水池

图 4-11 中水系统设备

4.3 建筑能源管理

4.3.1 管理机构

大厦的能源利用由专业的物业公司统一管理。该能源管理机构梯级分布情况主要分为三级：物业经理、部门主管及工作人员。能源管理机构横向分组共分为综合服务管理中心、餐饮服务中心、卫生绿化中心、水暖服务中心、电力服务中心等部门。能源管理组织机构如图 4-12 所示。

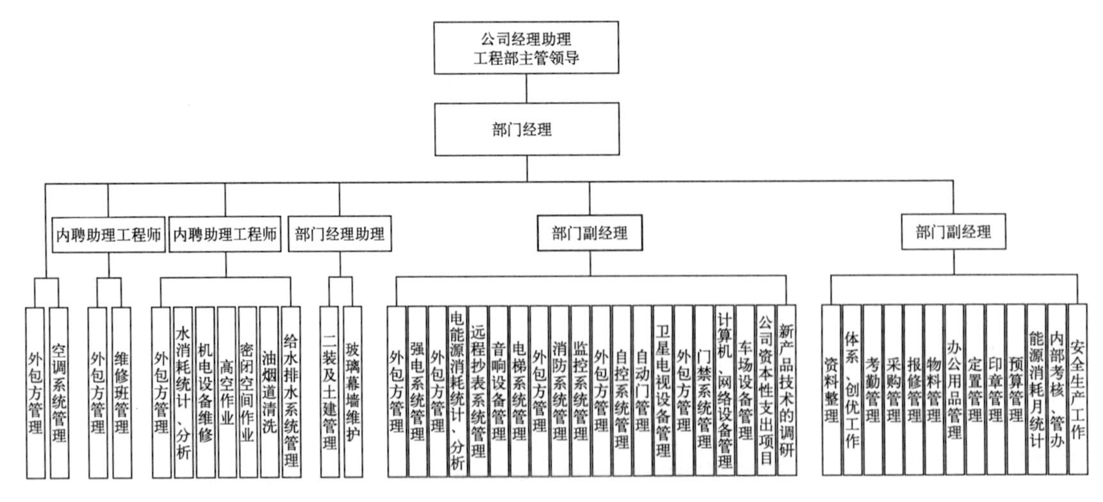

图 4-12 能源管理组织机构图

为增强公司员工节水节电意识，有效降低能源消耗，节约大厦运行成本，特制定节水节电管理制度以及设备机房的管理制度。

4.3.2 管理现状

该建筑未使用分户计量，大厦内客户统一将供冷、供暖、供电费用分摊至各户物业费。对于大厦自用电量，使用远程抄表系统监控各路设备用电量，包括空调、照明、电梯、其他，空调里包括机组、冷却塔、冷却泵、变频柜、新风机组、热力站、热交换间等的用电量。该系统分软件、硬件两部分，硬件主要为各种能耗基表如水表、电表、热能表等，抄收部分如抄表模块、集中器等，数据接收处理部分如管理电脑、数据库服务器等。系统分别对各种用能系统用能量进行计量、加工、存储。软件部分，由集成商提供抄收统计软件，界面如图 4-13 所示。每月对客户用电和自用电量及用水量做能耗分析。

该建筑严格贯彻执行了自身制定的各种能源管理制度，且在节能宣传上取得了良好的效果，广泛张贴节水节电方面的标识，如图 4-14、图 4-15 所示。卫生间水龙头采用脚踏出水，避免了浪费。

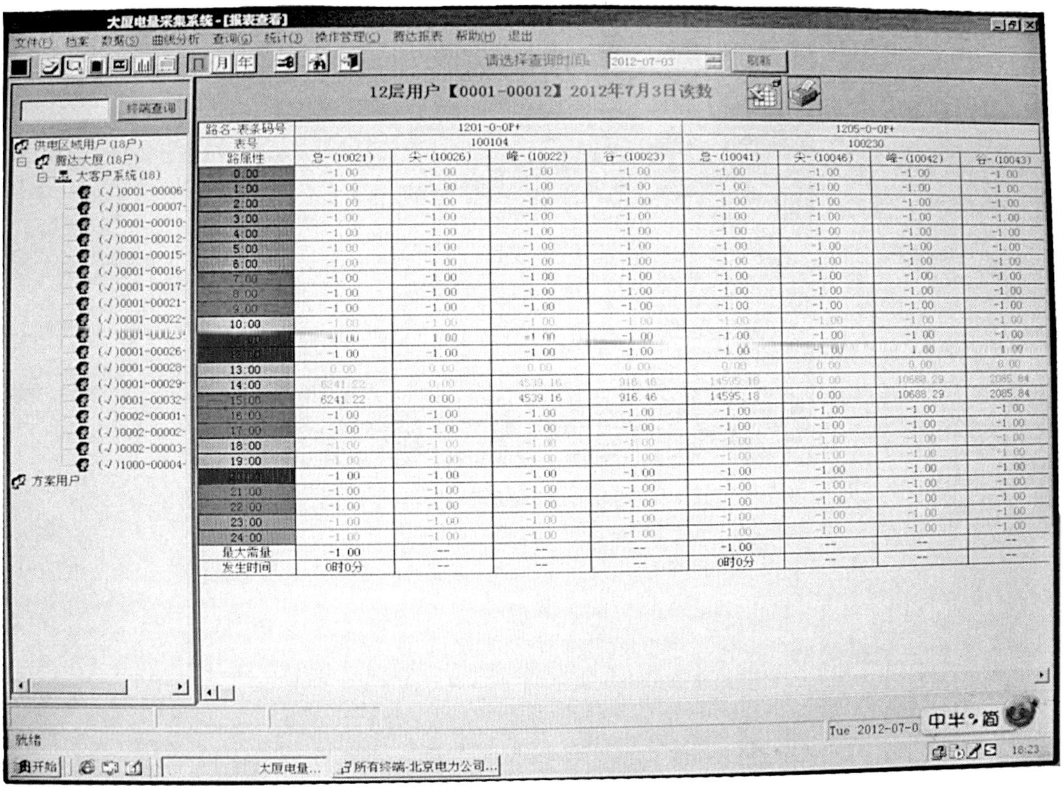

路名-表条码号	1201-0-0P+				1205-0-0P+			
表号	100104				100230			
路属性	总-(10021)	尖-(10026)	峰-(10022)	谷-(10023)	总-(10041)	尖-(10046)	峰-(10042)	谷-(10043)
0:00	-1.00	-1.00	-1.00	-1.00	-1.00	-1.00	-1.00	-1.00
1:00	-1.00	-1.00	-1.00	-1.00	-1.00	-1.00	-1.00	-1.00
2:00	-1.00	-1.00	-1.00	-1.00	-1.00	-1.00	-1.00	-1.00
3:00	-1.00	-1.00	-1.00	-1.00	-1.00	-1.00	-1.00	-1.00
4:00	-1.00	-1.00	-1.00	-1.00	-1.00	-1.00	-1.00	-1.00
5:00	-1.00	-1.00	-1.00	-1.00	-1.00	-1.00	-1.00	-1.00
6:00	-1.00	-1.00	-1.00	-1.00	-1.00	-1.00	-1.00	-1.00
7:00	-1.00	-1.00	-1.00	-1.00	-1.00	-1.00	-1.00	-1.00
8:00	-1.00	-1.00	-1.00	-1.00	-1.00	-1.00	-1.00	-1.00
9:00	-1.00	-1.00	-1.00	-1.00	-1.00	-1.00	-1.00	-1.00
10:00	-1.00	-1.00	-1.00	-1.00	-1.00	-1.00	-1.00	-1.00
[illegible]	-1.00	1.00	-1.00	-1.00	-1.00	-1.00	-1.00	-1.00
12:00	-1.00	-1.00	-1.00	-1.00	-1.00	-1.00	[illegible]	[illegible]
13:00	0.00	0.00	0.00	0.00	0.00	0.00	0.00	0.00
14:00	6241.22	0.00	4539.16	916.46	14595.18	0.00	10688.29	2085.84
15:00	6241.22	0.00	4539.16	916.46	14595.18	0.00	10688.29	2085.84
16:00	-1.00	-1.00	-1.00	-1.00	-1.00	-1.00	-1.00	-1.00
17:00	-1.00	-1.00	-1.00	-1.00	-1.00	-1.00	-1.00	-1.00
18:00	-1.00	-1.00	-1.00	-1.00	-1.00	-1.00	-1.00	-1.00
19:00	-1.00	-1.00	-1.00	-1.00	-1.00	-1.00	-1.00	-1.00
[illegible]	-1.00	-1.00	-1.00	-1.00	-1.00	-1.00	-1.00	-1.00
21:00	-1.00	-1.00	-1.00	-1.00	-1.00	-1.00	-1.00	-1.00
22:00	-1.00	-1.00	-1.00	-1.00	-1.00	-1.00	-1.00	-1.00
23:00	-1.00	-1.00	-1.00	-1.00	-1.00	-1.00	-1.00	-1.00
24:00	-1.00	-1.00	-1.00	-1.00	-1.00	-1.00	-1.00	-1.00
最大需量	-1.00	--	--	--	-1.00	--	--	--
发生时间	0时0分	--	--	--	0时0分	--	--	--

图 4-13　远程抄表系统界面

图 4–14　节能标识

图 4–15　节水标识

4.4　建筑能耗分析

4.4.1　建筑总能耗分析

（1）电耗量

该建筑属于 5A 级智能写字楼，能源管理制度完善，2002 年交付运行至今，已具备比较全年耗常规电量的条件。该建筑近三年的耗电量账单中显示 2010 年总耗电量为 9214180 kWh，2011 年总耗电量为 9557160 kWh，2012 年只取得了 1 ～ 6 月的电量账单，总耗电量为 4265580 kWh。耗电量记录主要包括维持大楼正常运转的公共设备用能、空调、照明、电梯、办公及餐饮用能等。图 4-16 ～图 4-18 分别为 2010 ～ 2012 年的逐月耗电量变化。

图 4-16 为 2010 年 1 ～ 12 月逐月耗电量对比图。由图可以明显看出，8 月份为全年耗电峰值，耗电量达 1120200 kWh，11 月份为耗电谷值，耗电量为 511380kWh，峰谷差为 608820kWh。

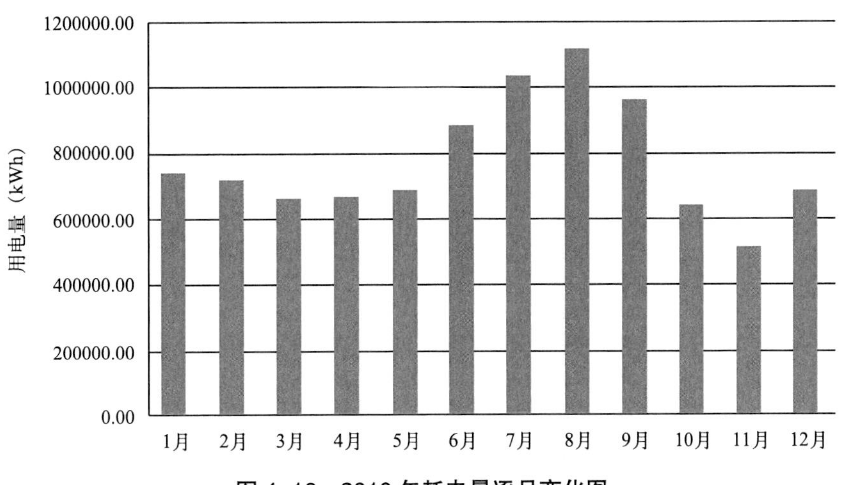

图 4-16　2010 年耗电量逐月变化图

图 4-17 为 2011 年 1 ～ 12 月逐月耗电量对比图。由图可以明显看出，8 月份为全年耗电峰值，耗电量达 1115940 kWh，3 月份为耗电谷值，耗电量为 662460kWh，峰谷差为 453480kWh。

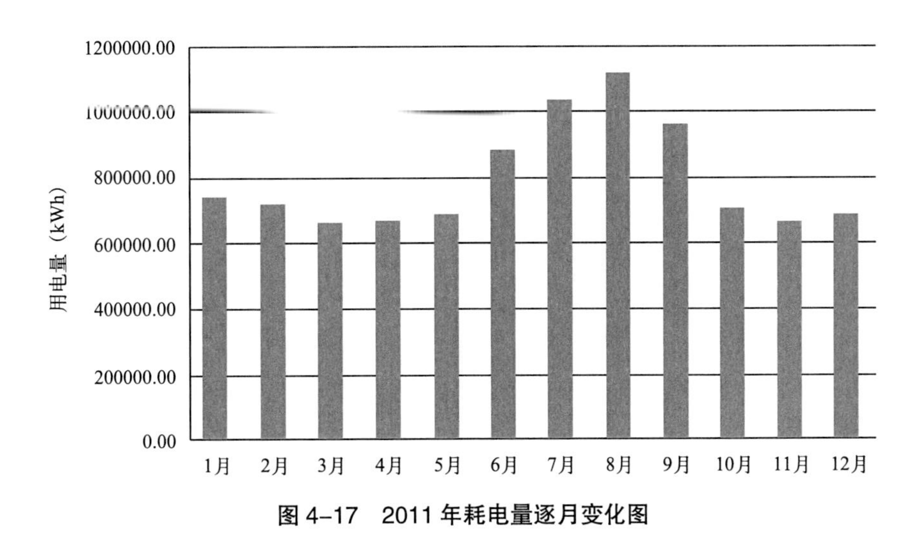

图 4-17　2011 年耗电量逐月变化图

图 4-18 为 2012 年 1 月～ 2012 年 6 月逐月耗电量对比图。由图分析得，2012 年大厦的耗电月趋势及全年耗电峰、谷值与以往相比均不会有很大变化。2012 年前六个月耗电总量为 4265580 kWh。

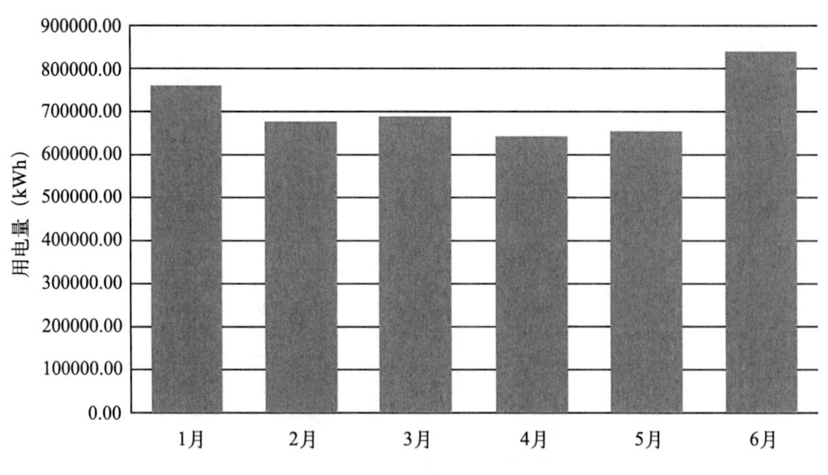

图 4-18　2012 年耗电量逐月变化图

对比三年逐月耗电量可以看出，全年耗电量在 8 月达到峰值，而在 3 月或 11 月达到耗电谷值。耗电量的逐月变化趋势呈现供冷供暖季高而过渡季低的特点，受季节和室外温度变化影响较大。7 ～ 9 月份为空调季，大部分设备开始运行，空调用电量是导致建筑用电量上升的主要原因之一，致使该建筑的电耗相对其他月份有较大的提升。而 2011 年总耗电量较 2010 年略有升高，是由于写字楼客户及商业用户的增加引起的。

（2）燃气耗量

通过调研取得了 2010 ～ 2012 年三年的燃气使用账单。燃气类型为天然气，燃气用户包括多家餐馆和员工食堂。燃气公司收费按 2.84 元 /m^3 收取。燃气的使用受法定节假日、当年气候、商户营业政策等诸多因素影响。2010 年总燃气使用量为 393292m^3，2011 年总燃气使用量为 397113m^3，2012 年只取得了 1 ～ 6 月的燃气账单，总燃气使用量为 179086m^3。

图 4-19 为 2010 年 1 ～ 12 月逐月燃气使用量对比图。由图可以看出，全年燃气使用量比较平均，1 月份为全年燃气使用量峰值，燃气使用量为 41943.1m^3，11 月份为燃气使用量谷值，燃气使用量为 18637.7m^3，峰谷差为 23305.4m^3。

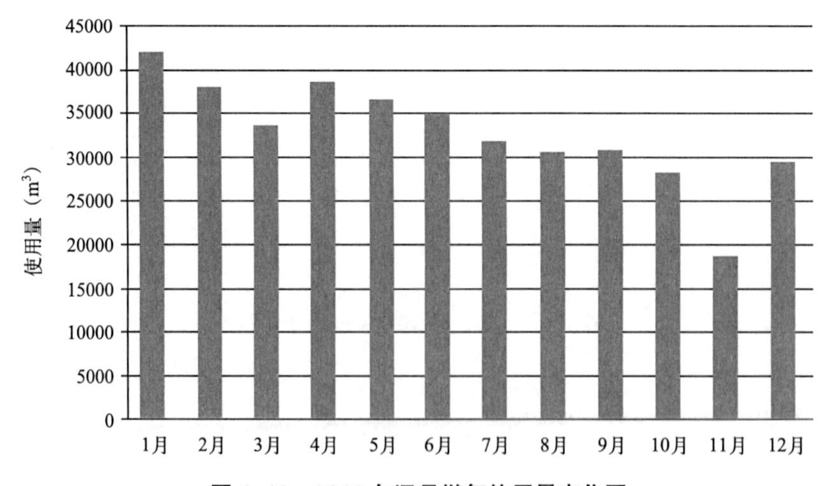

图 4-19　2010 年逐月燃气使用量变化图

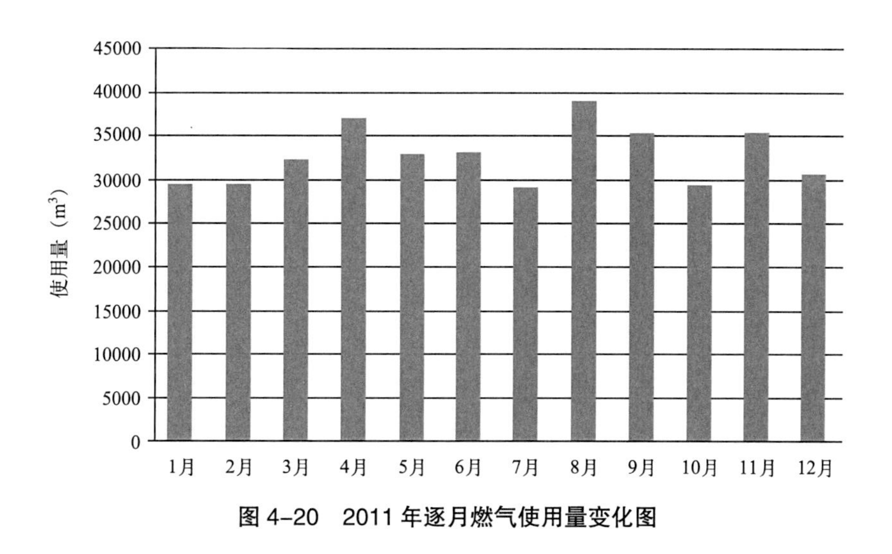

图 4-20　2011 年逐月燃气使用量变化图

图 4-20 为 2011 年 1 ～ 12 月逐月燃气使用量对比图。由图可以明显看出，全年燃气使用量比较平均，8 月份为全年燃气使用量峰值，燃气使用量为 39223m³，7 月份为燃气使用量谷值，燃气使用量为 29320m³，峰谷差为 9903m³。

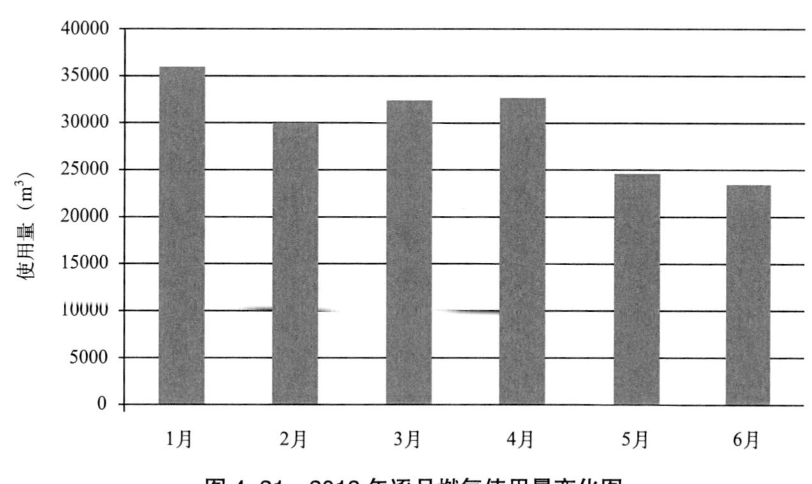

图 4-21　2012 年逐月燃气使用量变化图

图 4-21 为 2012 年 1 ～ 6 月逐月燃气使用量对比图。由图可以明显看出，2012 年前 6 个月燃气使用量比较平均，1 月份为 2012 年前 6 个月燃气使用量峰值，燃气使用量为 35943m³，6 月份为燃气使用量谷值，燃气使用量为 23367m³，差值为 12576m³。

比较 2010 ～ 2012 年三年燃气使用量变化趋势，发现大厦内燃气使用量未出现明显随时间变化的趋势，整体趋势较为平稳。这是由于大厦内燃气用于餐饮公司与员工餐厅，楼内用户均全年营业，因此燃气使用量一直维持在较高水平。而 2011 年下半年燃气用量的增加主要是由于新的餐饮企业的加入。

（3）水耗量

调研中，取得了大厦三年的耗水量账单，具备比较年耗水量的数据条件。2010 年总耗水量为 144267m^3，2011 年总耗水量为 147293 m^3，2012 年只取得了 1 ~ 6 月的账单，总耗水量为 55947 m^3。图 4-22 为 2010 年逐月耗水量，根据现有的统计数据可以对大厦用水量进行分析。

2010 年该建筑累计全年耗水量为 144267m^3。由图 4-22 可以明显看出，全年用水量比较平均，8 月份为全年耗水峰值，耗水量达 15746m^3，11 月份为耗水谷值，耗水量为 8956m^3，峰谷差为 6790m^3。

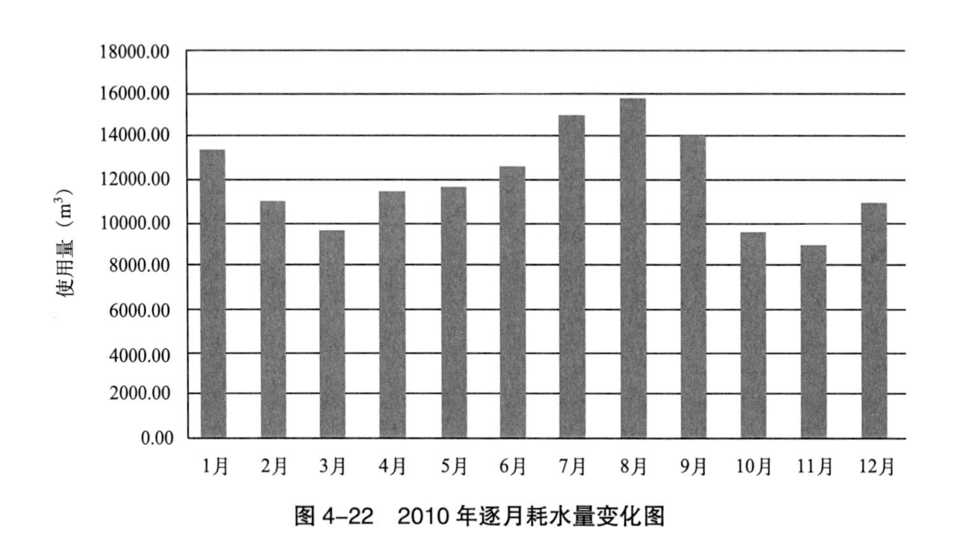

图 4-22　2010 年逐月耗水量变化图

2011 年该建筑累计全年耗水量为 147293m^3。由图 4-23 可以明显看出，全年用水量比较平均，11 月份为全年耗水峰值，耗水量达 14952m^3，3 月份为耗水谷值，耗水量为 9795m^3，峰谷差为 5157m^3。

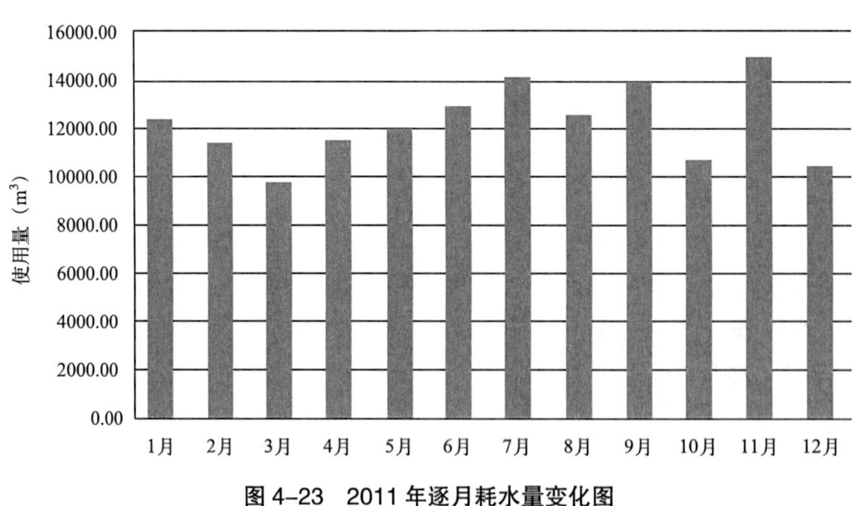

图 4-23　2011 年逐月耗水量变化图

2012 年前 6 个月该建筑累计耗水量为 55947m^3。由图 4-24 明显可以看出，2012 年前 6 个月用水量比较平均，1 月份为 2012 年前 6 个月耗水峰值，耗水量达 11552m^3，5 月份为耗水谷值，耗水量为 8407m^3，峰谷差为 3145m^3。

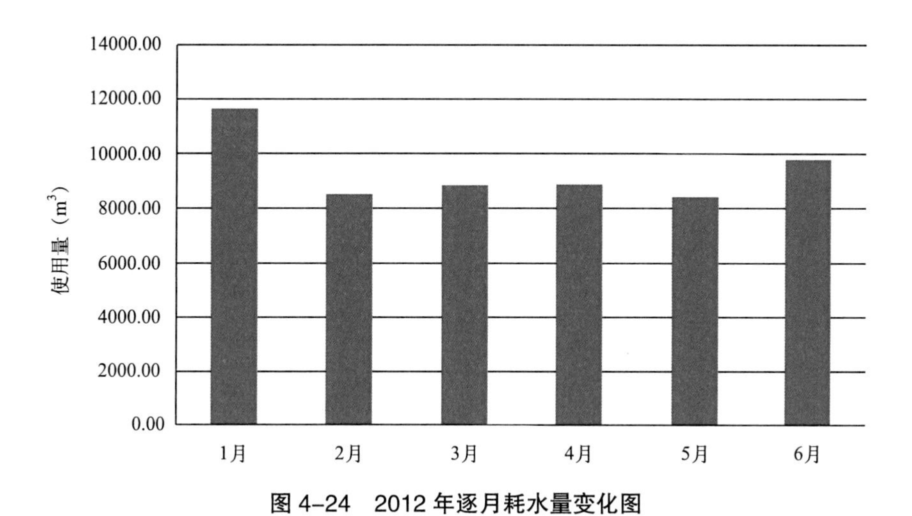

图 4-24　2012 年逐月耗水量变化图

对比三年逐月耗水量可以看出，耗水量的逐月变化趋势呈现供冷供暖季高而过渡季低的特点，受季节和室外温度变化影响较大。7 ～ 9 月份为空调季，部分用水用于空调机组，同时空调季与供暖季人们对用水的需求也会相应增加，导致建筑用水量上升。而 2011 年耗水量较 2010 年变化不大，略有升高，是由于写字楼客户及商业用户的增加引起的。

4.4.2　建筑分项能耗分析

该写字楼总建筑面积 86936m^2，人员总数约 3200 人。其中商业区所占面积为 22830m^2，商业区主要包括餐饮企业和银行，性质特殊，能耗指标较大，因此将商业区作为特殊区域，把商业区供冷、采暖、照明插座、水泵风机等用能拆出，对余下的办公区及地下车库能耗进行分项分析。办公区及地下车库面积为 64006 m^2。因 2011 年各类能耗都取得了较全的数据，因此对 2011 年各类能耗指标进行分析。2011 年办公区总耗电量为 4688920kWh，办公区分项能耗如图 4-25、图 4-26 所示。

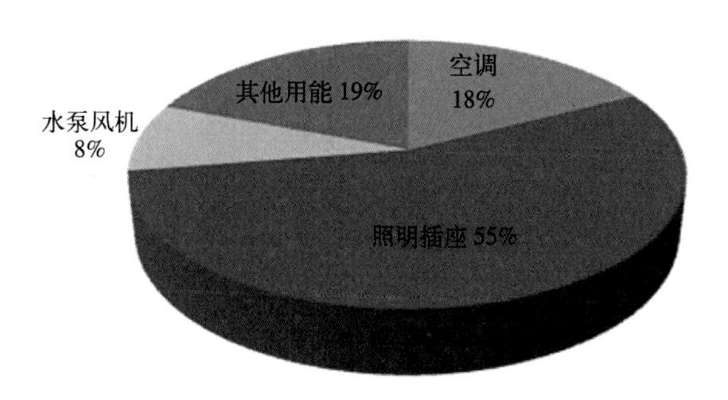

图 4-25　办公区能耗分项比例

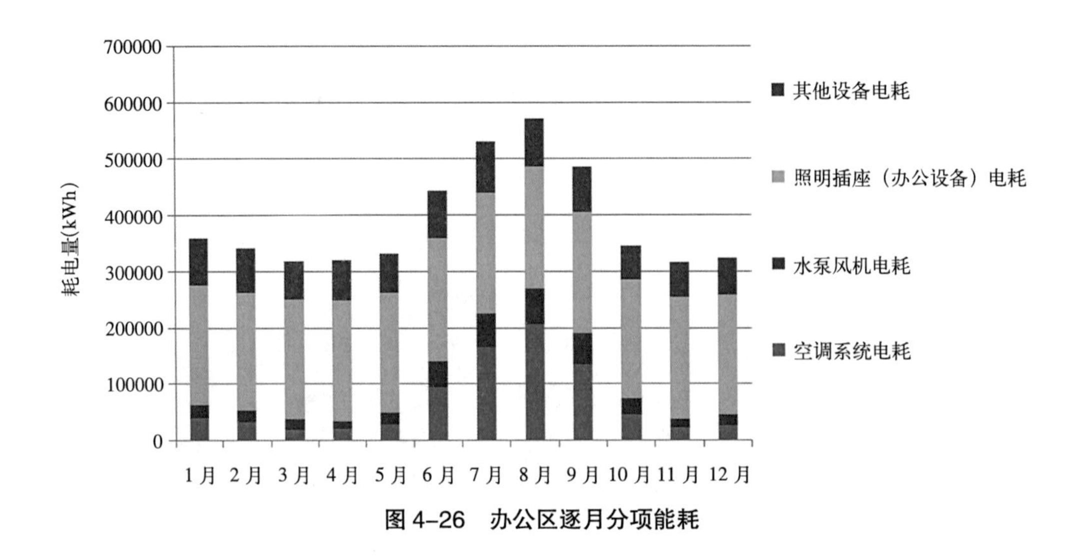

图 4–26 办公区逐月分项能耗

由图 4-25、图 4-26 可以看出，全年总能耗分项比例最大的是照明插座，占办公区全年总电耗的 55%，而空调季空调系统电耗量较高，与照明插座的耗电量接近，冬季空调系统因包含供暖用水泵和换热器，因此仍有耗电量增加。从逐月变化趋势来看，空调系统和水泵风机耗电量随季节变化明显，波动较大，且均在 8 月达到最高，过渡季最低，这是由空调系统的启停引起的。照明插座和其他设备电耗随季节变化较小，比较平稳。

4.5 室内环境

本次调研选取该建筑内不同功能的房间进行了温湿度、CO_2 浓度和照度的测试。测试范围包括大堂、会议室、办公室、餐厅等区域；测试仪器采用温湿度计、CO_2 浓度测试仪和照度仪，测试时间为 2012 年 6 月 27 日和 7 月 3 日，6 月 27 日室外温度约为 26℃，7 月 3 日室外温度约为 35℃，室内温度设定为 22 ~ 26℃。现场测试如图 4-27 所示，室内环境如图 4-28 所示。

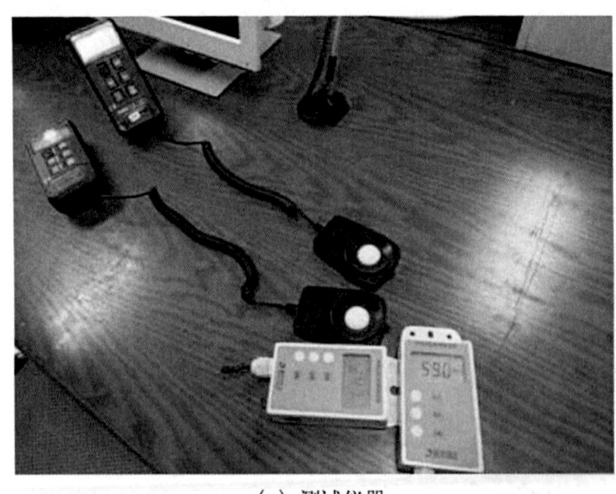

(a) 测试仪器

(b) 办公室

图 4–27 现场测试

测试结果显示，一楼大厅温度平均值为22.4℃，CO_2浓度为490.6ppm，照度为171.59lx；603办公室温度平均值为24.1℃，CO_2浓度为760.5ppm，照度为421.5lx；516会议室温度平均值为24.1℃，CO_2浓度为387.4ppm，照度为136.1lx；餐厅温度平均值为26.9℃，CO_2浓度为536.3ppm，照度为152.7lx。

按照《室内空气品质标准》GB/T 18883-2002中规定夏季空调室内温度范围为22～28℃，相对湿度范围为40%～80%，CO_2的浓度不得超过1000ppm，实测结果显示，室内各测点的温度、相对湿度与CO_2浓度均在该标准规定的范围内，结合《建筑照明设计标准》GB 50034-2004，建筑内照度也均达到标准要求。

(a) 大厅

(b) 会议室

图4-28 室内环境

5　天津市某科技档案楼

【建设单位】天津市某设计院
【竣工时间】2009 年 9 月

5.1　建筑概况

该科技档案楼属于绿色办公建筑，于 2009 年 12 月 10 日获得了由中国城市科学研究会颁发的二星级绿色建筑设计标识证书（图 5-1）。该建筑 2009 年竣工交付使用，总建筑面积 4585m^2，采暖面积 4585m^2，空调面积 4585m^2，常驻人员总计 240 人。该建筑位于天津（寒冷地区），空调系统的冷源和采暖系统的热源均来自浅层地能地源热泵系统。建筑朝向南北向，建筑高度为 23.85m，地上 6 层，标准层高 3.85m。

建筑主要功能：一层主要为科技档案库，二层主要为绿色建筑机电技术研发中心和绿色建筑数据展示中心，三～六层主要为机电设计所设计室及办公室。

绿色建筑设计标识
GREEN BUILDING DESIGN LABEL

二星级绿色建筑设计标识证书
CERTIFICATE OF GREEN BUILDING DESIGN LABEL

公共建筑 NO.PD20201

建筑名称：天津市[illegible]科技档案楼
建筑面积：4585m²
完成单位：天津市[illegible]设计院

评价指标	设计值
建筑节能率	63.51%
可再生能源利用率	100%的生活热水量地源热泵
非传统水源利用率	63.45%
住区绿地率	公共建筑不参评
可再循环建筑材料用量比	11.37%
室内空气污染物浓度	设计阶段不参评
物业管理	设计阶段不参评

说明：

1. 此证只证明建筑的规划和设计达到《绿色建筑评价标准》（GB/T50378-2006）二星级水平；

2. "评价指标"值为代表性绿色建筑评价指标值，整体评价查阅《绿色建筑设计标识评审意见》。

中华人民共和国
住房和城乡建设部监制

签发日期：2009年12月10日
有效期限：2009年12月10日—20[illegible]年12月10日

图 5-1 二星级绿色建筑认证书

该建筑运行时间为 8：30 ～ 17：30，全部用于自用，使用率 100%。

5.2 建筑节能技术

5.2.1 建筑围护结构节能技术

该建筑结构形式采用钢筋混凝土框架结构，并设置消能减震系统；外墙材料采用 200 ～ 350mm 厚砂加气砌块保温墙，局部贴 50mm 厚挤塑保温板；东向窗墙比为 0.25，西向窗墙比为 0.16，南向窗墙比为 0.32，北向窗墙比为 0.11。外窗为中空双层玻璃窗，窗框材料为 PA 断桥铝合金窗框，玻璃采用低辐射镀膜（Low-E）玻璃，建筑东向设置固定外遮阳百叶，西向采用机翼型电动智能外遮阳百叶，可根据太阳入射角度的变化自动进行调节。

屋面外保温选用 80mm 厚挤塑聚苯板，并在保温层上做 150mm 厚的佛甲草种植屋面；屋面传热系数 0.42W/（$m^2 \cdot K$），外墙传热系数 0.39W/（$m^2 \cdot K$），隔墙传热系数 0.56W/（$m^2 \cdot K$），楼板传热系数 0.35W/（$m^2 \cdot K$），外窗传热系数 2.0W/（$m^2 \cdot K$）；屋顶无透明部分。图 5-2 为外围护结构。

图 5–2 外围护结构

5.2.2 建筑空调系统节能技术

该建筑采用两种形式的空调末端：干式风机盘管和毛细管辐射系统，二～四层采用毛细管与溶液除湿新风机组相结合的系统形式，一、五、六层采用干式风机盘管与溶液除湿新风机组相结合的系统形式。新风采用地板送风，新风口设置在窗下。热泵型溶液除湿新风机组（图 5-3）设置于四、五层新风机房内，溶液可有效去除细菌和可吸入颗粒物，净化空气，避免了二次送风污染，而且除湿过程可避免潮湿表面产生，杜绝霉菌滋生，保证室内人员健康舒适。毛细管辐射系统（图 5-4）设置冷热转换功能的温控器，每个房间采用独立温湿度控制方式。地板送风口如图 5-5 所示。

图 5–3 溶液除湿新风机组

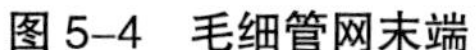
图 5-4 毛细管网末端

图 5-5 地板送风

系统冷热源采用浅层土壤源热泵系统，夏季降低供水温度，冬季提高供水温度，可以提高冷机的 *COP* 值。通过对地源热泵（图 5-6）的地源侧吸、放热量平衡计算，夏季增设了 1 台蒸发冷凝式冷水机组作为补充冷源。无论是溶液调湿新风机组还是风冷式双温新风机组都具有全热回收的功能，全热回收效率大于 60%。

图 5-6 地源热泵系统

5.2.3 高效照明系统节能技术

该建筑采用智能照明控制系统，对走廊、楼梯间、厅等公共场所及敞开式办公室进行集中控制。敞开式办公室采用红外传感器与照度传感器相结合的方式进行控制。红外传感器探测室内有无工作人员，照度传感器探测办公室内工作照度，在不满足工作照度或办公室内有人的情况下，灯具开启；否则，灯具熄灭。

在灯具选择上，如图 5-7 ~ 图 5-9 所示，选用无眩光高效格栅灯具和节能灯，格栅灯具采用 OLC 反射器，确保全方位持久亮度控制，格栅片提供有效的眩光控制。用 T5 光源代替传统 T8 光源三基色荧光灯，能耗可减少 25%。六层卫生间前厅设置光导照明装置，将室外的自然光线均匀漫射到室内的每一个角落。

图 5–7　导光筒

图 5–8　节能灯具

图 5–9　格栅灯具

5.2.4　可再生能源的应用

该建筑采用太阳能生活热水系统，该系统为强制循环直接加热方式。在屋顶设太阳能集热板，集热器采用金属—玻璃真空管型。屋顶水箱间内设热水箱及太阳能循环泵，太阳能系统设温度传感器。冷水首先进入水箱经循环泵进入太阳能集热器进行强制循环，达到设定温度后停止循环，并同时供应用水点热水，水箱内设电辅助加热设备。生活热水供应范围为每层卫生间内的洗手盆。图 5-10 为太阳能热水系统集热器。

天津地区为太阳能资源较丰富区，等级为 II 级。年日照时数 3000 ~ 3200h，水平面年太阳辐照量 5400 ~ 6700MJ/m^2，太阳能保证率 50% ~ 60%，因此极为适合利用太阳能。在该建筑屋顶设置了一组 3kWh 的太阳能光伏并网发电系统，用于应急照明用电。图 5-11 为太阳能光伏板。

图 5-10 太阳能热水系统集热器

图 5-11 太阳能光伏板

5.2.5 高效节水系统

结合当地经济状况、气候条件、用水习惯和区域水专项规划等，该建筑采用雨水收集、中水利用等措施，综合利用各种水资源。由气象台路引入一根 *DN*150 市政中水管供建筑的冲厕、庭院绿化用水及洗车之用。设置屋面雨水收集系统，对建筑的屋面雨水进行合理收集，有组织地排入附近绿地，通过管网末端的渗井排入地下，灌溉绿地及补充地下水，节约了绿化用水，达到了节水的目的。

绿化用水采用滴灌的方式，如图 5-12 所示。由中水管道引入供水，在绿地内设置阀门井，沿绿地敷设滴灌管，通过滴灌浇洒绿地，既可达到节水的目的，又可避免中水在空气中弥散。

卫生间蹲便器采用脚踏式冲洗阀，一次冲洗水量为 6L，比传统冲洗阀节水 50%。卫生间采用感应式龙头洗手盆，一次出水量不大于 0.15L/s，节水 30%。小便器采用无水型小便器，比传统小便器节水 100%，如图 5-13 所示。

图 5-12 屋顶节水灌溉系统

图 5-13 无水型小便器

5.3　建筑能源管理

5.3.1　管理机构

该科技档案楼的能源利用由建设单位能源管理中心统一管理。该能源管理机构梯级分布情况主要分为三级：物业经理、小组负责人及工作人员。能源管理机构横向分组共分为水暖小组、电力小组、基建小组和室内设备小组四个部门。

5.3.2　管理现状

该科技档案楼绿色建筑综合信息展示系统位于绿色建筑展示中心（见图 5-14），该综合信息展示系统是我国较全面针对绿色建筑进行综合监测、展示和分析的综合信息展示系统。

该系统通过在空调系统、太阳能热水系统、太阳能光伏发电系统及建筑物墙体、屋面等各部位设置传感器及探测装置，在室外设置小型气象站，选用带通信功能的计量装置等多种方式，对建筑物照明、电梯、空调及给水排水等系统的用电能耗进行分项、分区或分层、分户的计量，把建筑物室内外的环境情况、建筑物内各系统的运行情况、建筑物的综合能耗情况通过多媒体的形式表现出来，以生动具体的视频、图片及表格等方式展示本建筑物的能耗情况，并与同类建筑做出比较。

该建筑严格贯彻执行了自身制定的各种能源管理制度，且在节能宣传上取得了良好的效果，广泛张贴节水节电方面的标识，如图 5-15、图 5-16 所示。

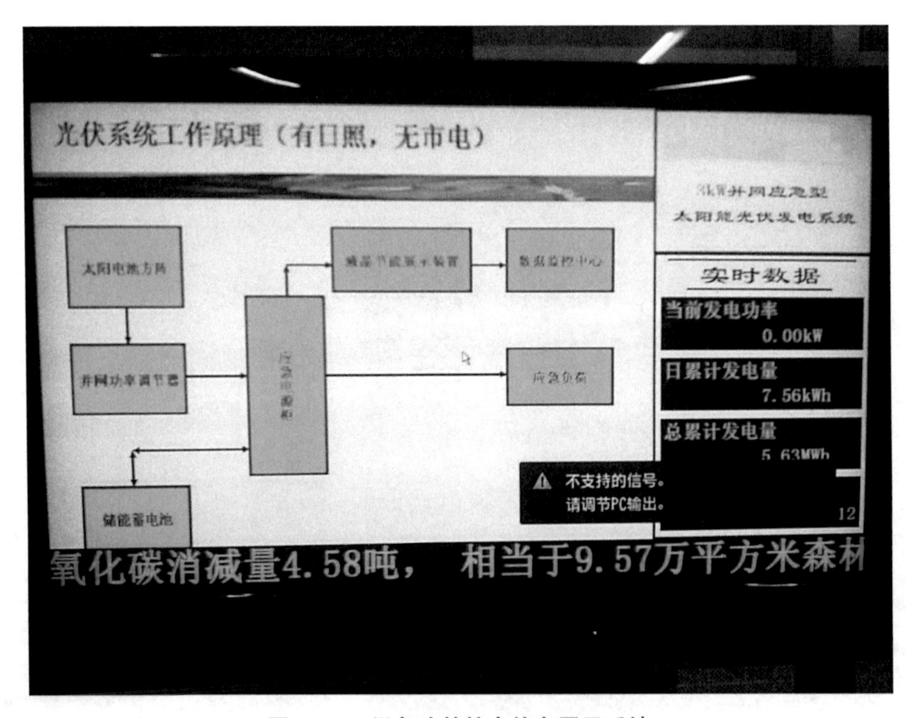

图 5-14　绿色建筑综合信息展示系统

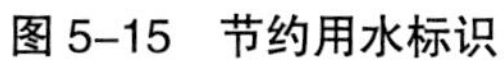
图 5-15 节约用水标识

图 5-16 节约用电标识

该建筑室内设置了空气质量监测系统，监测系统主要监测参数为温度、湿度、CO_2浓度等。在典型办公室和设计室等区域安装温湿度传感器（图 5-17）和CO_2浓度传感器（图 5-18），根据对上述参数的监测及分析，调整室内自然通风及空调运行模式。

图 5-17 温湿度传感器

图 5-18 CO_2浓度传感器

5.4 建筑能耗分析

5.4.1 建筑总能耗分析

该建筑具有 2011 年 4 月～ 2012 年 3 月逐月耗电量的统计数据，累计全年耗常规电量为 366546kWh。

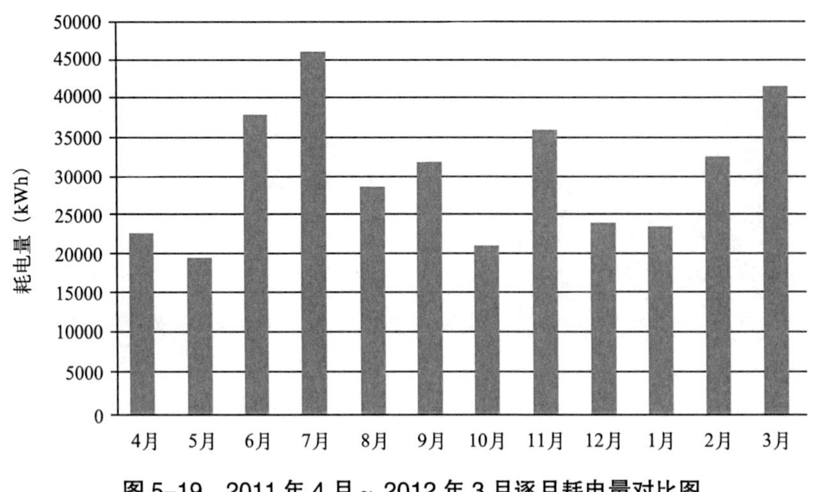

图 5-19　2011 年 4 月 ~ 2012 年 3 月逐月耗电量对比图

图 5-19 为 2011 年 4 月～ 2012 年 3 月逐月耗电量对比图。由图可以明显看出，7 月份为全年耗电峰值，耗电量达 46226kWh，5 月份为耗电谷值，耗电量为 19674kWh，峰谷差为 26552kWh。6 ～ 9 月份为空调季，大部分设备开始运行，空调用电量是导致建筑用电量上升的主要原因之一，6、7 两月是全年用电量最大的月份。11 月～次年 3 月为冬季空调供暖季，用电量都在 23000kWh 以上，致使该建筑的电耗相对周围的月份有较大的提升。空调用能成为主要的耗电项。

2011 年 4 月～ 2012 年 3 月逐月耗电量与室外月平均温度的对比分析可拟合出图 5-20。由图可知，该建筑月耗电量与室外温度有明显的相关性，耗电量的峰值与室外温度的峰值相对应，夏季的耗电量与室外温度有较高的一致性。这是由于该建筑处于寒冷地区，夏季温度高、湿度大、空调耗电量大，冬季气候寒冷，供暖耗电量较大。由以上分析可知，室外气候参数为影响建筑总耗电量的主要因素。

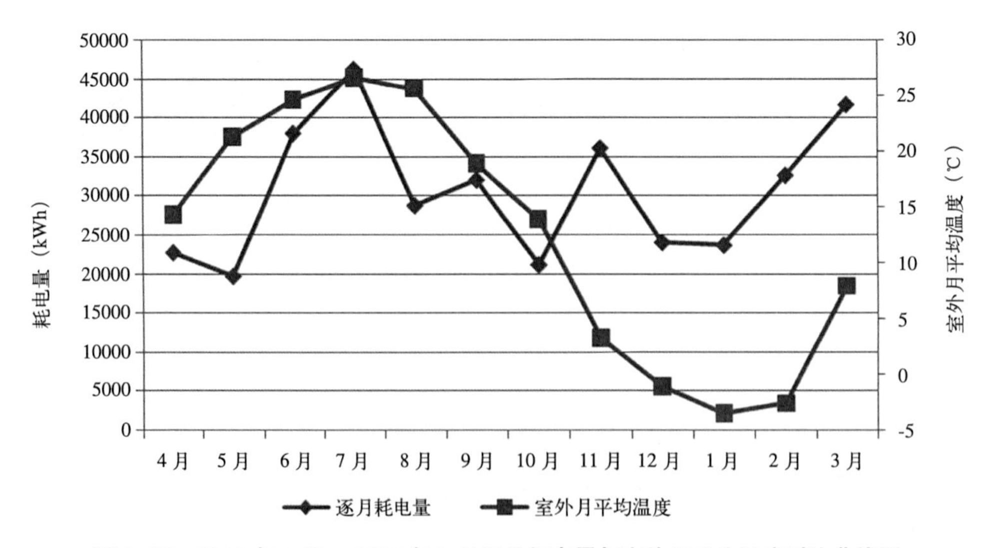

图 5-20　2011 年 4 月 ~ 2012 年 3 月逐月耗电量与室外月平均温度对比曲线图

该建筑采用太阳能光电系统，在屋顶安装单晶硅光伏电池板。具有 2011 年 4 月～2012 年 3 月逐月发电量的统计数据，累计全年光伏系统发电量约为 2774.7kWh，为建筑用电量的 0.75%。图 5-21 为 2011 年 4 月～2012 年 3 月逐月发电量对比图。由图可以看出，8 月份为全年发电峰值，发电量达 734.0kWh，5 月份为发电谷值，发电量为 59.1kWh，峰谷差为 674.9kWh；谷值到峰值的发电量成波动状态，没有明显的逐月变化趋势，夏季略高于秋冬春三个季节的发电量。

该建筑不具备全年耗水量的数据，但具有 2012 年 2～10 月 9 个月的逐月耗水量数据，因此以这个时间内的建筑水耗作为调研对象。该数值由市自来水公司和市政中水管网提供。

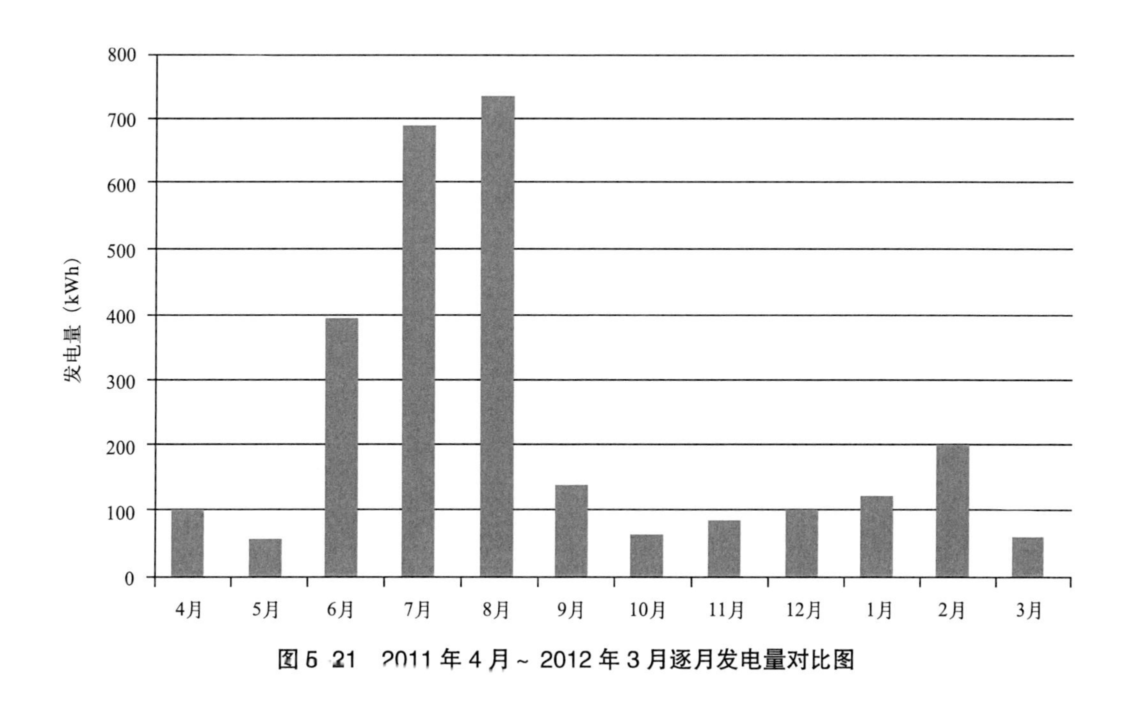

图 5-21　2011 年 4 月～2012 年 3 月逐月发电量对比图

该建筑有 2012 年 2～10 月逐月耗水量的统计数据，在不同功能区域设置中水水表。根据现有的统计数据可以对卫生清洁用水、绿化用水、生活用热水等进行分项分析，该建筑累计全年耗水量为 3955.3m^3，其中自来水用水量为 1537.6m^3，中水用水量为 2417.7m^3。非传统水源利用率约为 61.1%。图 5-22 为 2012 年 2～10 月逐月耗水量对比图。由图可以明显看出，全年用水量比较平均，4 月份为全年耗水峰值，耗水量达 785m^3，2 月份为耗水谷值，耗水量为 259.6m^3，峰谷差为 525.4m^3；且谷值到峰值的耗水量相差很多，波动比较大。从图 5-23 可以明显看出，建筑用水量高峰分别是 4、6、7、8 月，没有明显的一致性变化，而过渡季用水量相对平均。由以上分析可知，气象条件已经不能成为影响建筑耗水量的主要因素。

该建筑全年用水构成如图 5-23 所示，其中一半以上的用水量用于卫生间冲厕，其次是盥洗用水和绿化用水，比例分别为 37.03% 和 9.17%，设备用水和洗车用水所占比例较小。

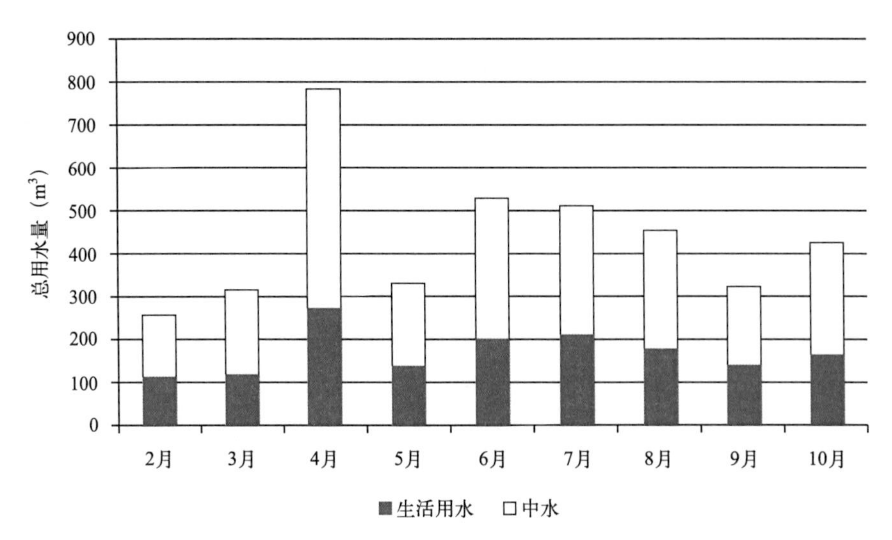

图 5-22　2012 年 2 ~ 10 月逐月耗水量对比图

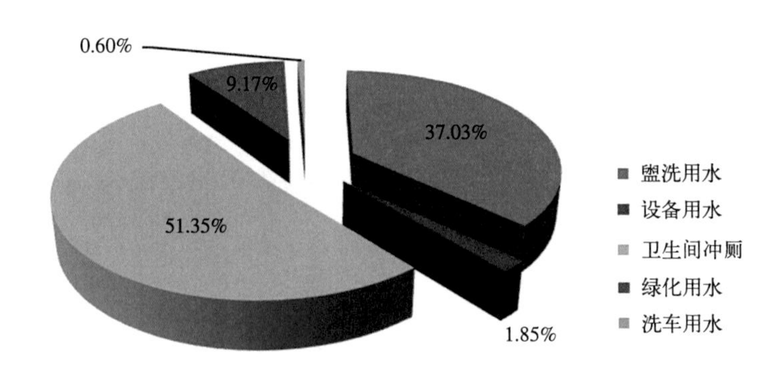

图 5-23　2012 年 2 ~ 10 月用水构成图

5.4.2　建筑分项能耗分析

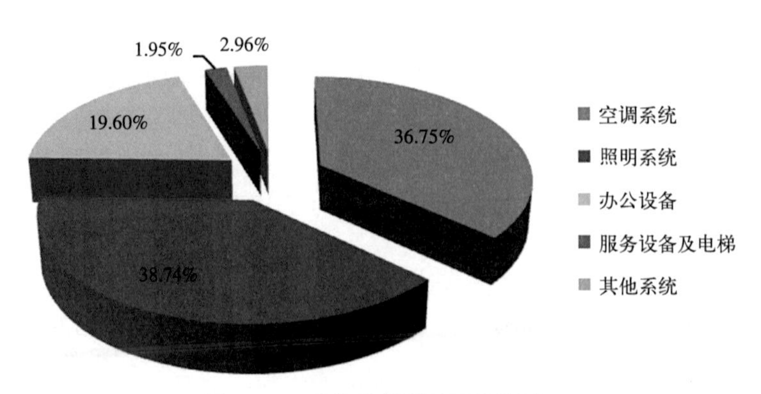

图 5-24　建筑分项能耗百分比图

由图 5-24 可以看出，照明能耗占总能耗的份额最大，为 38.74%；其次是冬季采暖系统和夏季供冷系统能耗，占建筑总能耗的 36.75%，其中采暖能耗比例为 18.94%，供冷能耗比例为 17.81%；再次是办公设备用能，占总能耗的 19.60%；比重最小的是建筑内设备及电梯能耗，占 1.95%。

图 5-25 为建筑物逐月分项能耗数据图。由图可以看出，2 月份为全年采暖耗电峰值，耗电量达 16998kWh，11 月份为耗电谷值，耗电量为 11403kWh，峰谷差为 5595kWh。6 ~ 8 月份为主要空调季，地源热泵系统和新风机组开始运行，空调用电量是导致建筑供冷用电量上升的主要原因。过渡季节地源热泵空调供冷系统和新风机组少用或不用，用电量较低。

全年办公设备耗电量波动不大，处在一个相对平均的水平，3 月份为全年照明插座耗电峰值，耗电量达 24010kWh，1 月份为耗电谷值，耗电量为 10761kWh，峰谷差为 13249kWh。均衡的用电量显示出建筑物内照明插座的用电量只与建筑物内人员需求有关。

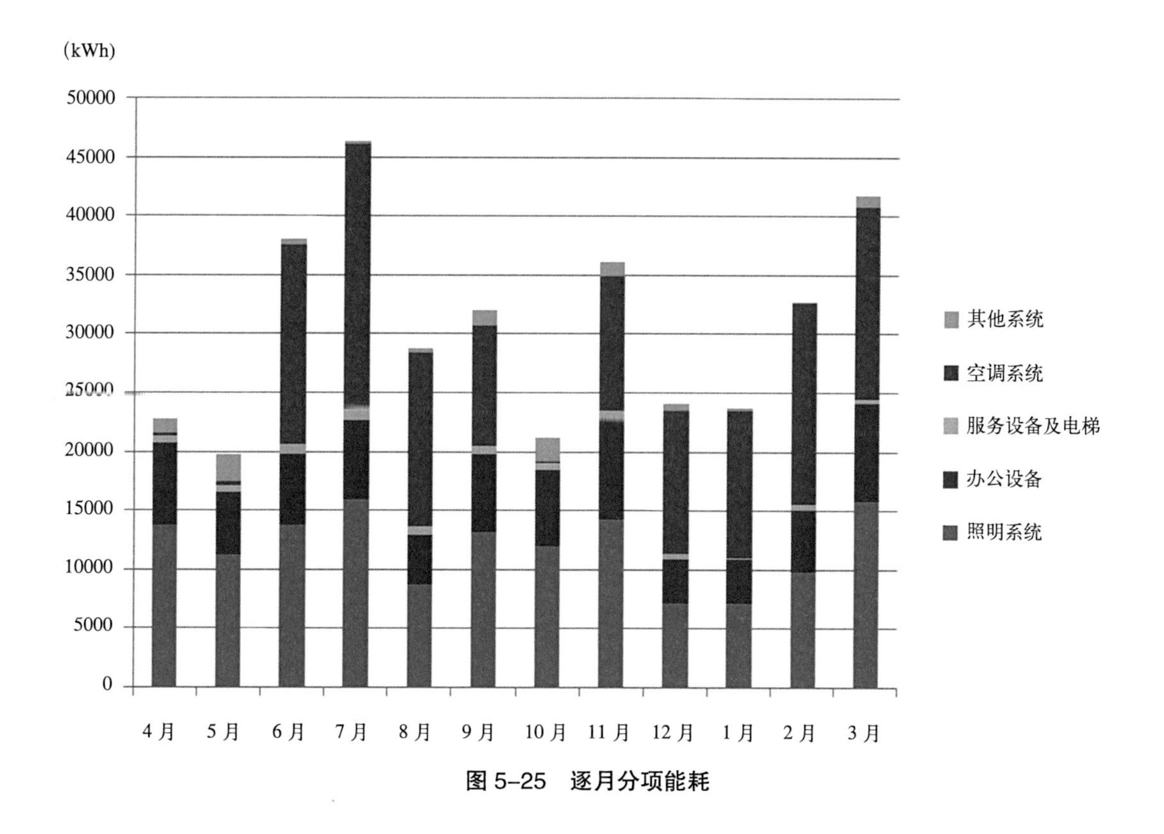

图 5-25 逐月分项能耗

该建筑月照明耗电量与室外温度有明显的正相关性。8 月份为全年服务设备耗电峰值，耗电量达 445kWh，2 月份为耗电谷值，耗电量为 97kWh，峰谷差为 348kWh。

5.5 室内环境

2012 年 10 月 30 日天津大学调研小组对该建筑室内环境（图 5-26）进行了温度、湿度、照度及空气品质的检测。测试结果表明，该办公建筑中，各层办公室、设计室的温度都能达到 19℃以上，相对湿度平均为 32.8%，CO_2 的浓度维持在 566ppm 左右，平均照度在 473lx 左右。所有测量结果满足《室内空气品质标准》GB/T 18883-2002 和《建筑照明设计标准》GB 50034-2004 中相关部分的设计要求。

设计室

走廊

图 5–26　室内环境图

6 南京某广场

【建设单位】南京某房地产开发有限公司
【竣工时间】2011 年 01 月

6.1 建筑概况

该项目是位于江苏南京的一栋公共建筑，建筑总面积 71265m^2，其中地下室面积为 21681m^2，全楼空调面积为 36476 m^2。建筑总高度 79.70 m。地上 19 层，地下 2 层。地上建筑分主楼和辅楼两部分。主楼和辅楼的一～四层为商业和餐饮，主楼的其他部分为办公建筑，标准层高 3.7 m。地下一、二层为地下停车场，并在地下一层设有员工餐厅。

因商业建筑和办公建筑能耗指标相差较大，为更客观地分析办公建筑的能耗状况，以下能耗调研统计是针对该建筑主楼除去一～四层商业区域，即包括实际使用的主楼办公区域面积、一层大厅、地下车库和餐厅面积，合计面积 54906 m^2。调研期间，该办公建筑使用率在 75% ～ 83.4% 变化。

6.2　建筑节能技术

6.2.1　建筑围护结构节能技术

（1）围护结构保温隔热

该建筑各朝向窗墙比均小于 0.7。在外窗及玻璃幕墙选材中，选用断桥铝型材料和 6-12A-6 中空 Low-E 玻璃。屋面、外墙、地面等围护结构采用保温隔热构造，屋面总传热系数为 0.697 W/（$m^2 \cdot K$），外墙总传热系数为 0.85 W/（$m^2 \cdot K$），接触室外空气的架空或外挑楼板总传热系数为 0.915 W/（$m^2 \cdot K$），地面热阻为 1.223（$m^2 \cdot K$）/W。

（2）建筑遮阳

外窗采用与窗框一体式固定遮阳（图 6-1）。玻璃幕墙采用铝合金遮阳板水平遮阳（图 6-2）。

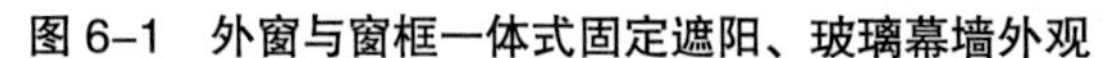

图 6–1　外窗与窗框一体式固定遮阳、玻璃幕墙外观

图 6–2　玻璃幕墙及室内遮阳

6.2.2　暖通空调系统节能技术

目前，该办公楼实际运行的空调系统共有两种：1）地源热泵机组＋冰蓄冷集中空调系统，该系统服务区域为业主自用的十八～二十一层，以及一楼大厅等公共区域，实际服务面积为 8682 m^2；2）VRV 局部式热泵机组的空调系统，服务区域为五～十七层的出租办公区域，调研期间实际运行的服务面积随建筑使用率情况而在 11071 ～ 15730 m^2 之间变化。VRV 热泵空调系统在各楼层、各房间可独立启闭，新风量分两档调节和独立启闭。

（1）集中空调系统

建筑的空调冷热源设计采用地源热泵机组作为冷、热源，并与冰蓄冷系统组合，如图 6-3 所示。夏季供冷模式如下：夜间开启制冷机组，利用谷价电制冰蓄存，白天首先融冰通过风机盘管的末端装置对房间进行供冷空调，当蓄冰量不足时再运行制冷机组，根据气候特点和空调实际需求，供冷系统可按以下三种工作模式运行：

主机制冰：在 00：00 ～ 8：00 期间，三工况机组制冰蓄冷 2145kW。

融冰单独供冷：此时不开三工况机组，冷量由融冰提供，此模式可在春秋过渡季节冷负荷较小期间（如加班期间）运行。

主机与融冰联合供冷：当负荷较大时，选用该模式提供冷量。首先采用融冰供冷，当供冷负荷不够时，开启主机供冷。

空调水系统为一次泵定水量双管制机械循环系统。新风采用全热交换器＋新风机组的方式处理，回收回风能量。在室内换热量不足的情况下，自动根据全热交换器进风侧风温来控制新风机组的供回水量。空调供回水温度夏季为7/12℃，冬季为40/45℃，与之对应的夏季冷却供回水温度为30/35℃，冬季加热供回水温度为10/6℃。

（2）排风热回收通风系统

办公楼空调季节通风系统采用室内新风与排风全热交换的通风方式（可带冷媒），房间换气次数为1～2次/h，过渡季节可单独运行全热交换机组（不带冷媒）。新风与排风的温度差大于或等于8℃的大空间办公区域，设置排风热回收装置，排风热回收装置（全热和显热）的额定热回收效率大于60%。卫生间、茶水间采用单独由排气扇排出室外的独立排风系统。其中卫生间换气次数为158次/h、茶水间为6次/h。食堂在过渡季节采用全新风运行通风，排风由设置在墙壁上的壁式排风机排出，房间换气次数为2次/h。在办公层每层在新风机组出风口加装安全空气净化器，对室内空气进行杀菌、净化、除甲醛等有害气体。

地源热泵机组

地源水分水器

地源侧定压补水

换热循环

图6–3 地源热泵和冰蓄冷系统设备（一）

蓄冰池

图 6-3　地源热泵和冰蓄冷系统设备（二）

（3）局部式空调系统

VRV 热泵空调系统（图 6-4）在各楼层、各房间可独立启闭，新风量分两档调节和独立启闭。

图 6-4　VRV 变频多联机室外机照片

6.2.3　可再生能源建筑应用技术

建筑空调冷热源系统采用地源热泵，通过深埋于建筑周围的管路系统利用浅层地热能：冬季，热泵机组从土壤中吸收热量向建筑物供暖；夏季，热泵机组从室内吸收热量并转移释放到土壤中。相比空气源热泵机组，具有更高的制冷 / 制热能效比。

该建筑地源热泵系统设置灌注桩双 U 管埋管换热，共 254 口井，井深 60m，灌注桩双 U 形管放热 75W/m 井深，取热 65W/m 井深，为解决冬夏排冷量、排热量平衡问题，系统增设两台冷却塔作为夏季辅助冷却，单台冷却水量 150 m³/h，风机功率 5.5 kW。

6.3 建筑能源管理

6.3.1 管理机构

该建筑设立了专门的能源管理岗位，实行能源管理岗位责任制。

重点用能系统、设备的操作岗位均配备不少于 3 人的专业技术人员，各主要用能部门分别设置一名主管对相关节能工作负总责。能源管理机构梯级分布情况如图 6-5 所示。

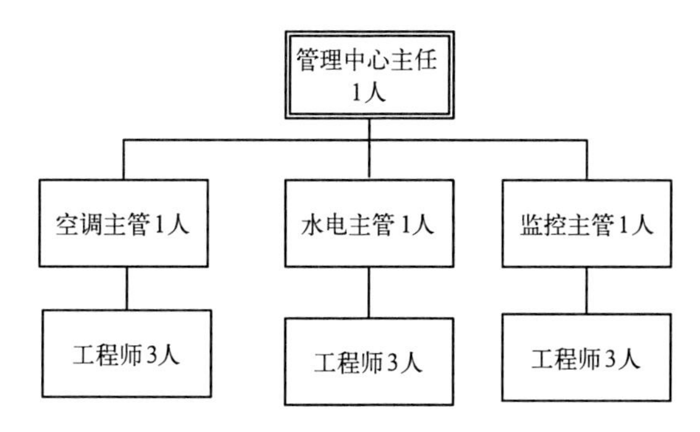

图 6–5 能源管理组织机构图

6.3.2 管理现状

管理机构建立了健全的节能运行管理制度和用能系统操作规程，加强用能系统和设备运行调节、维护保养、巡视检查，推行低成本、无成本节能措施。各部门负责人组织本部门工程人员熟悉各功能区能耗及照明设备的情况，做到熟练使用和操作；组织熟悉各楼层走道照明及空调各时间段的开启方式，并将责任落实到各当班岗位；并且定期对运行管理人员、运行操作人员进行专业节能培训，使其掌握正确的节能理念和实用的节能技术。

各班组认真执行节能降耗措施、做好各能耗设备及照明的实际启停时间、运行方式记录、设备运行日志记录和保存完善，并做好交接班工作，各部门按月编制日开启时间数统计表，进行合理化建议收集和反馈等工作。定期抄水表、电表各支路读数，发现读数异常的，马上追查原因。

办公楼层每层采用冷热表单独计量，各房间空调、照明办公、地下通风、亮化照明等耗电量均可单独统计，地下室及一楼大厅采用能源费用公摊的计量方式。

在用能行为管理及节能宣传方面，主要措施如下：

（1）根据室外气温调节空调冷负荷变化，控制空调主机开启台数、启停时间。

（2）控制路灯和景观照明。定时开关夜间照明及景观照明。

（3）走廊与室外照明采用分段控制模式，隔排开启。

（4）定期清洗空调末端装置，防止因为过滤网残留物过多引起机组不必要的负荷。

（5）在洗漱间、开水间张贴节水标语，加强用户节水意识。

6.4 建筑能耗分析

该办公建筑消耗电网电能来满足大厦的供暖、供冷、照明、地下室风机、电梯、信息机房设备、建筑服务设备以及其他专用设备等用能的需求。无燃料耗量，无市政蒸汽 / 热水耗热量。

对该建筑的能耗调研面积为除去一～四层商业区域，即包括实际使用的主楼办公区域面积、一层大厅和地下（包括餐厅和车库）面积，合计为 54906 m^2。

6.4.1 建筑总能耗分析

（1）电耗量

建筑全年逐月总耗电量及室外月平均气温变化如图 6-6 所示。南京气温在 7、8 月份最高，建筑空调制冷需求大，8 月份总耗电量 239977 kWh，达到最高；12 月、1 月和 2 月气温低，空调供热需求大，这些月份建筑的耗电量很大，而相对来说，1 月份由于是春节假期，使用率低，相对于 12 月的 230396 kWh 和 2 月的 238313 kWh 偏低；4 月、5 月和 10 月份气候适宜，空调使用频率低，因此，整栋大楼总耗电量相对其他月份较少。

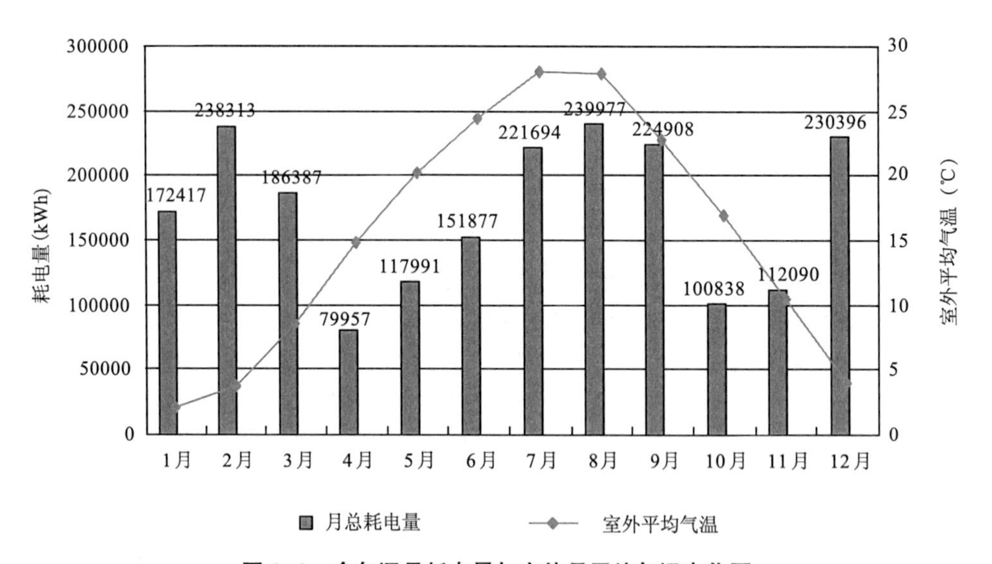

图 6-6 全年逐月耗电量与室外月平均气温变化图

由于调研期间建筑部分楼层空置，使用率也在发生变化，为了避免建筑使用率变化对建筑能耗指标的影响，通过统计全年逐月建筑使用率的变化，计算得出了实际使用的单位建筑面积能耗的变化趋势，如图 6-7 所示。其中：

月平均单位建筑面积能耗 = 月总耗电量 × 建筑使用率 / 建筑面积；

全年单位建筑面积能耗 = 各月单位建筑面积能耗总和。

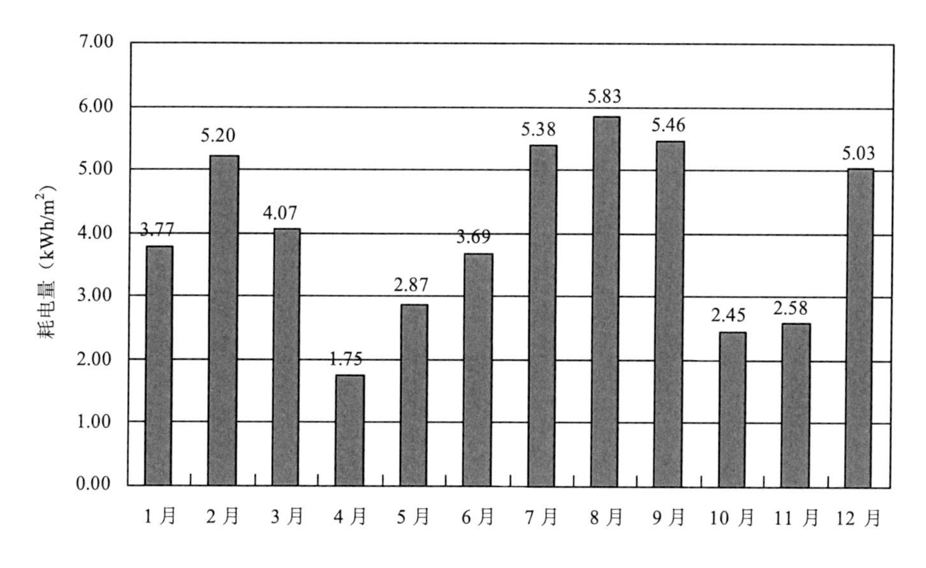

图 6–7 全年逐月单位面积建筑耗电量

综合以上得出，建筑全年总耗电量为 2076845kWh，建筑使用率在 75% ~ 83.4% 之间变化，每平方米建筑全年耗电量为 48.08 kWh /（$m^2 \cdot a$）。

建筑在一个夏季空调供冷期间（5 ~ 9 月）的逐月峰时、谷时、平时各分时耗电量统计如图 6-8 所示。该办公建筑谷时耗电主要是制冷机组夜间制冰耗电。可以看出，建筑夏季采用冰蓄冷技术利用夜间谷时电制冰蓄存，再在白天融冰对建筑供冷，有效减少了峰时和平时空调用电，节省电费。

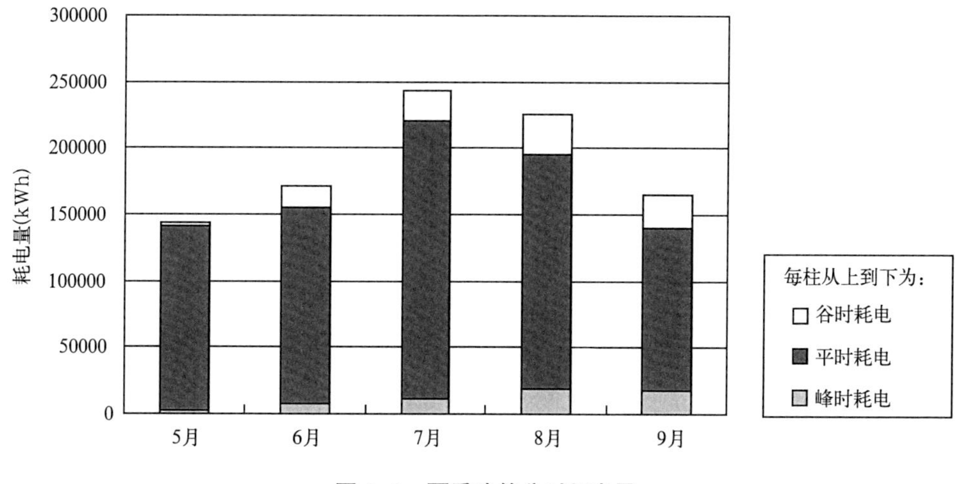

图 6–8 夏季建筑分时耗电量

5 ~ 9 月份整个供冷季节，谷时耗电量占总耗电量的 10.27%，峰时累计耗电量仅占总耗电量的 6.03%；平时累计耗电量占总耗电量的 83.71%，占最大份额，见图 6-9。地源热泵供冷系统谷时耗电量占到了该系统总耗电量的 41.6%，见图 6-10。

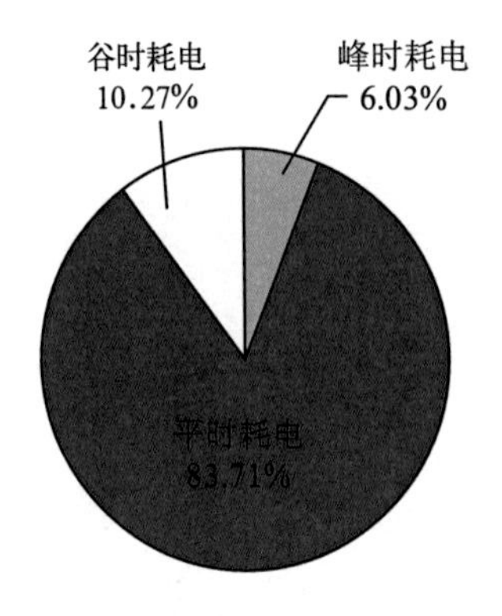

图 6-9　夏季建筑分时耗电比

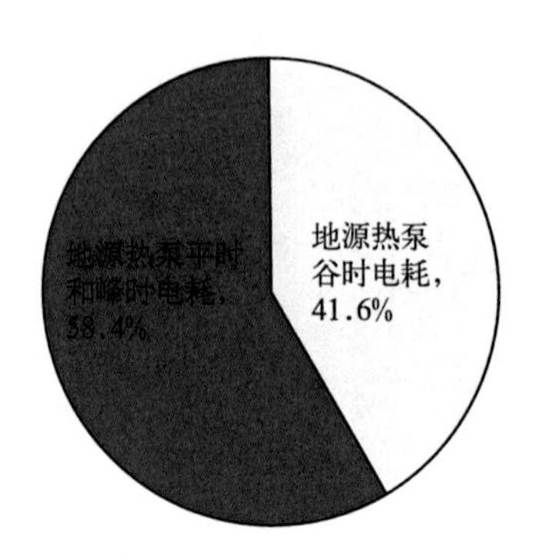

图 6-10　夏季地源热泵供冷系统的分时耗电比

按照南京的电费标准，谷时电价 0.356 元，平时电价 0.829 元，峰时电价 1.382 元。本建筑空调系统运用夜间便宜的电价制冰蓄存，到白天进行融冰供冷，与不采用冰蓄冷系统相比，统计期间的一个夏季合计可节省电费 46141 元，其中仅 8 月份就可节省电费 14160 元。可见，采用冰蓄冷技术达到了很好的移峰填谷的效果，给建筑节省电费的同时，也缓解了城市用电高峰用电紧张。

（2）燃料耗量

该建筑的供应能源为电网电能，无燃料耗量。

（3）水耗量

根据建筑全年每两月的耗水量，并结合全年建筑使用率的变化，得出了实际使用的单位建筑面积耗水量的变化趋势。如图 6-11 所示。

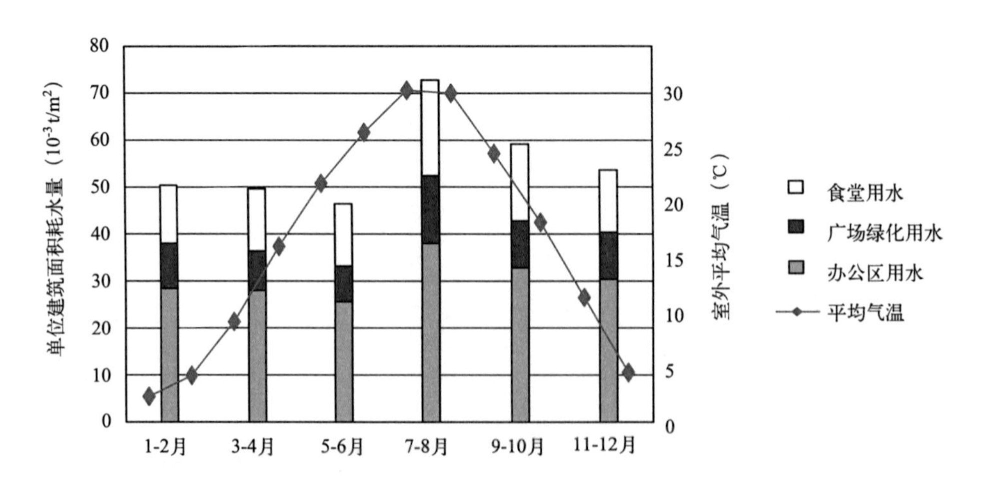

图 6-11　逐月各类耗水量与室外平均温度比较图

7 ~ 8 月份单位面积耗水量最大，全年每平方米耗水量为 331.6 t/（$m^2 \cdot a$）。此外，该建筑耗水量主要由办公区用水、食堂用水和广场绿化用水三部分组成，其中办公区用水占总耗水量的 55.4%，食堂用水和广场绿化用水分别占 26.6% 和 18%。

6.4.2 建筑分项能耗分析

图 6-12 所示为建筑全年运行能耗中各分项能耗占总能耗的比重。可以看出，全年建筑空调能耗占建筑总能耗最大的份额为 44.2%，其中：夏季供冷能耗占 22.9%，冬季供暖能耗占 21.3%；其次份额很大的是照明及办公设备用能，占 42.3%，与空调总能耗比例相当；其他为电梯、监控机房、景观与亮化，以及地下车库通风风机能耗（不包括空调风机）、建筑服务设备用能等。

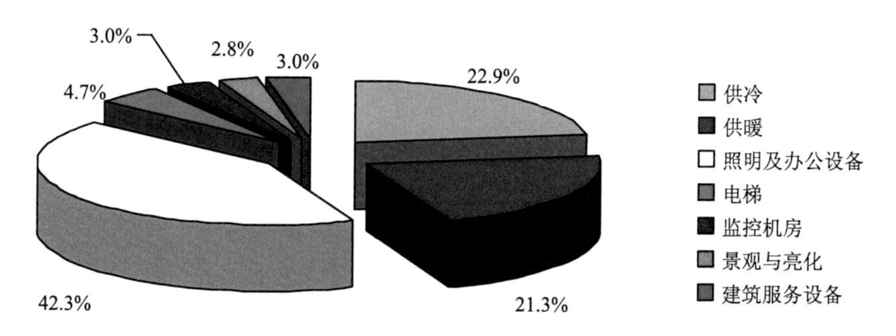

图 6-12 建筑全年各分项能耗占总能耗比重

图 6-13 所示为建筑全年逐月各分项能耗图。供冷需求大的 7 ~ 9 月，制冷空调电耗都超过了当月总电耗的 50%，分别占 52.9%，54.5% 和 54.0%；冬季采暖需求大的 12 月、1 月、2 月的空调电耗也分别占到了当月总电耗的 53.4%，43.7% 和 54.2%，其中 1 月份电耗偏低的主要原因是由于该调研年份 1 月份正逢春节假期，建筑运行天数减少。

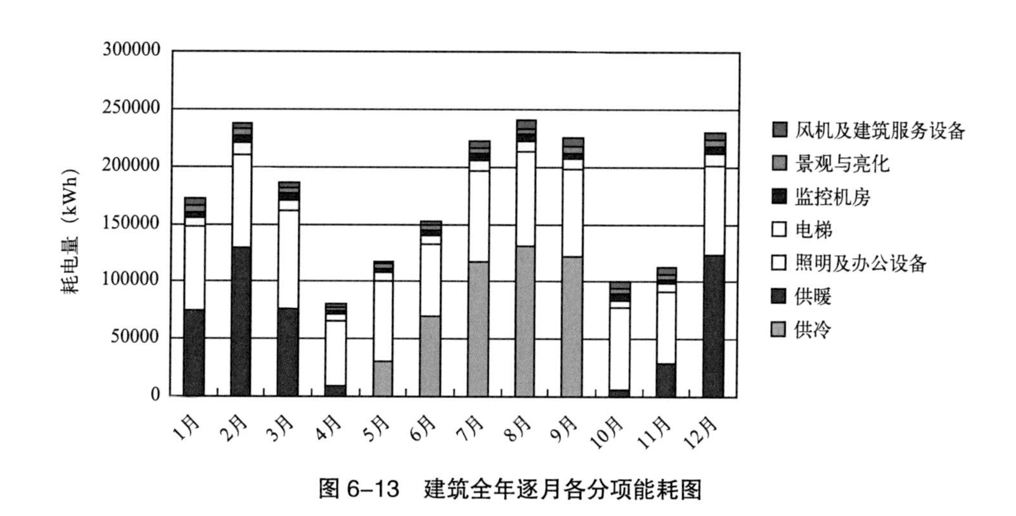

图 6-13 建筑全年逐月各分项能耗图

可见，该地区具有典型的夏热冬冷气候特征，对建筑夏季供冷和冬季供暖的需求都很大，而且该地区冬季广泛采用电驱动热泵技术采暖，因此全年制冷和供暖带来的电耗很大。

6.5　室内环境

通过对建筑内不同功能的房间进行室内热环境、空气品质和光环境的实地测试，参见图 6-14，该建筑内夏季室内平均温度为 25.9℃，相对湿度平均为 63.4%；冬季采暖室内平均温度 18.9℃，相对湿度 32.5%，符合《室内空气品质标准》GB/T 18883-2002 中规定的夏季空调和冬季采暖室内温度、相对湿度的范围标准。

图 6–14　室内办公环境

该建筑所有被测试房间室内 CO_2 的浓度均不超过 1000ppm，符合《室内空气品质标准》GB/T 18883-2002 规定范围，室内空气品质评价等级为 A 级。

建筑实测办公室的照度平均为 435 lx，会议室照度平均为 324 lx，根据《建筑照明设计标准》GB 50034-2004，符合办公室标准和会议室的室内光环境标准。

7 宁波市某培训中心

【建设单位】宁波市某培训中心
【竣工时间】2007 年

7.1 建筑概况

该培训中心属于办公建筑，于 1992 年建成投入使用，用地面积 1631.20m^2；后于 1996 年对翼楼进行了装修。

2007 年，该建筑的节能改造工程（既有建筑节能改造）被列为宁波市首个既有建筑节能改造示范工程。改造包括原有建筑节能改造和局部加层（图 7-1）。改造后总建筑面积达 4760 余 m^2，为集办公与住宿于一体的综合性大楼。改造后，该建筑外墙采用无机轻集料保温砂浆外墙保温系统，外窗采用断热铝合金型材低辐射中空玻璃窗，屋面采用挤塑聚苯板保温系统，生活卫生热水采用太阳能—空气源热泵热水系统，局部照明用电采用独立太阳能光伏发电系统，并对建筑用能实施分项计量及动态监测。

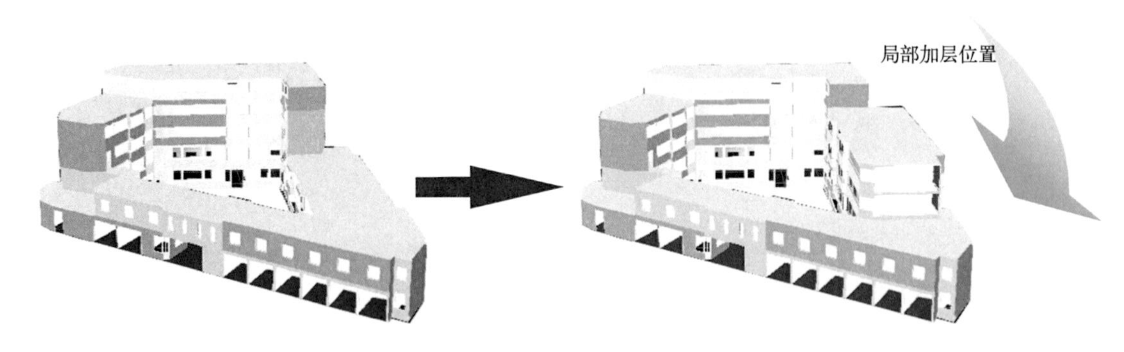

图 7–1　改造前后建筑效果图对比

7.2　建筑节能技术

7.2.1　建筑围护结构节能技术

该建筑改造项目新增内墙采用蒸压砂加气混凝土砌块（图 7-2），新加外墙采用蒸压粉煤灰陶粒砂加气混凝土砌块（图 7-3），已有墙体材料采用 KP1 型黏土多孔砖。新加层建筑屋面采用了轻质 ALC 屋面(图 7-4)。保温材料采用聚合物(无机)保温砂浆 I 型(图 7-5)。

图 7–2　蒸压砂加气混凝土砌块实物图及施工现场

图 7–3　蒸压粉煤灰陶粒砂加气混凝土砌块实物图及施工现场

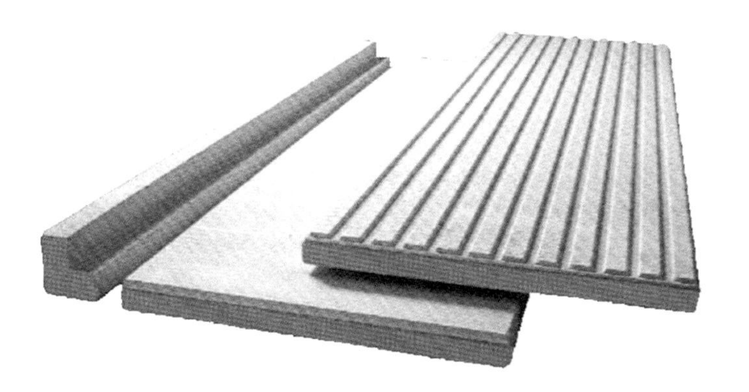

图 7-4　加层部分采用 ALC 楼板轻钢结构

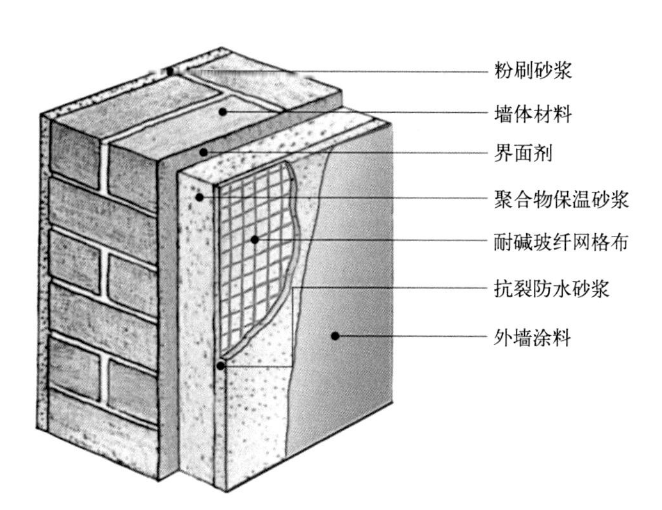

图 7-5　LBN-I 型聚合物保温砂浆外墙保温系统（一）

LBW-Ⅰ型聚合物保温砂浆外墙外保温系统基本构造

基层墙体	外墙外保温系统基本构造				构造示意图
	界面层	保温层	抗裂防护层	饰面层	
① 混凝土墙及各种砌体墙	② 界面剂	③ LBW-I 型聚合物保温砂浆	④ 抗裂防水砂浆 + 热镀锌电焊网 + 抗裂防水砂浆	⑤ 涂料或饰面砖	① ② ③ ④ ⑤

图 7–5　LBN–Ⅰ型聚合物保温砂浆外墙保温系统（二）

原有结构屋面无任何保温措施，改造后的屋面增设了挤塑聚苯板，其理念在于“将憎水性保温材料 XPS 挤塑板设置在防水层的上面”，很好地结合了保温和防水两项指标性能，其采用的保温隔热材料为挤塑聚苯板（XPS）。

改造外窗采用断热铝合金低辐射玻璃外窗（图 7-6）。

图 7–6　断热铝合金低辐射玻璃外窗

7.2.2　建筑空调系统节能技术

该建筑采用太阳能—空气源热泵热水系统（图 7-7）制取生活热水。在原有太阳能热水系统的基础上，采用空气源热泵热水器作为太阳能热水系统的辅助加热装置，较好地结合了两者各自的优势。太阳能热水系统由太阳能热水装置、热水保障系统、热水供应系统和智能控制系统组成；空气源系统由保温水箱、空气源热水机组、热水循环泵、控制单元及管道和管道配件组成。采用空气源热泵作为辅助加热装置，该系统由太阳能热水子系统、空气源热水机组、保温热水箱、控制单元及管道和管道配件组成。春秋季节生活热水由太阳能热水器提供。

图 7-7 太阳能—空气源热泵系统实景图

7.2.3 高效照明系统节能技术

图 7-8 光伏发电装置实景图

该建筑在南区（168m^2）、北区（224.8 m^2）所设计规定的区域内放置太阳能光伏板（图 7-8），其系统实际输出功率要求为 1.02kW。太阳能电池组件采用高效优质单晶硅太阳电池，按照国际电工 IEC61215:1993 标准要求，采用先进的工艺技术和优质进口材料进行真空层压封装，具有电性能稳定可靠、密封性能好、抗冲击性能好、使用寿命长的优点。该光伏发电系统为独立的离网系统，配电间设置在楼内四层，距光伏板放置区约 25m。该太阳能发电系统电压 220V、频率 50Hz，为部分房间提供照明用电。

建筑顶层楼梯间采用了自然采光的设计（图 7-9），充分利用了天然采光的资源，节约了电能。

该建筑客房、走廊以及厕所等区域全部采用节能灯（图 7-10）进行照明，相比普通荧光灯来说，照明能耗有着明显的降低。

图 7–9　顶层楼梯间天然采光

图 7–10　走廊节能灯

本建筑办公区域遮阳方式主要采用活动内遮阳的形式（图 7-11），室内人员可以根据自然采光的实际情况，灵活调整内遮阳的程度。

图 7–11　办公室内遮阳

7.3　建筑能源管理

该建筑为了加强能源科学管理，坚持管理与技术创新，建立了建筑能耗分项计量系统（图 7-12）。这样可以方便、直观地了解和监测整个建筑各种形式的能耗，获取建筑能耗的基础数据，为下一步开展节能工作提供必要的数据支持。

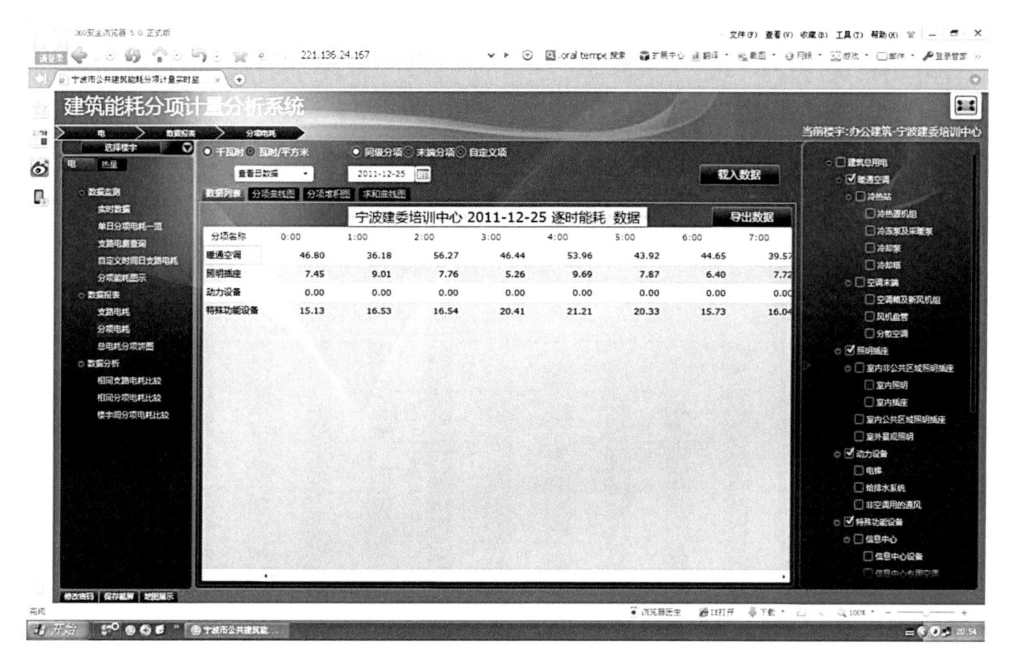

图 7-12　建筑能耗分项计量系统

7.4　建筑能耗分析

7.4.1　建筑总能耗分析

图 7-13 为 2011 年 1 ～ 12 月的逐月耗电量对比图。由图可以明显看出，1 月份为全年耗电峰值，耗电量达 41549kWh，4 月份为耗电谷值，耗电量为 15617kWh，峰谷差为 25932kWh，基本符合室外气候的一般规律：冬季和夏季温度较低或者较高（特别是 1 月份和 7 月份），空调使用频率比较高，耗电量相对高。

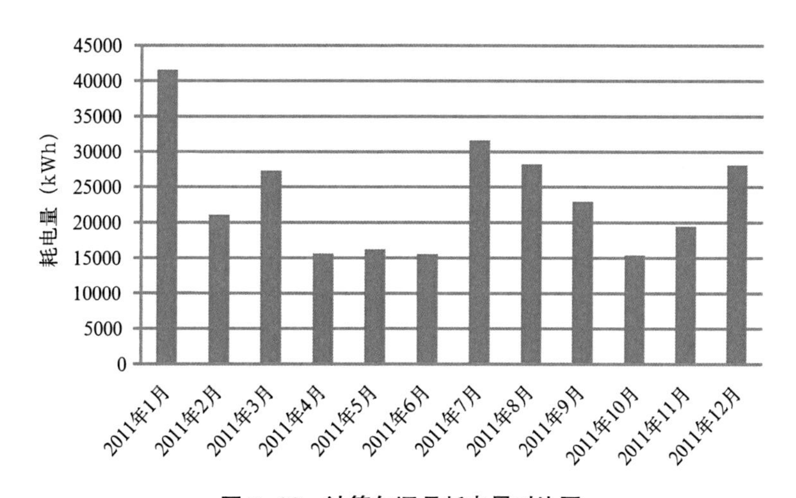

图 7-13　计算年逐月耗电量对比图

图 7-14 为 2010 年 12 月 ~ 2011 年 11 月的逐月耗水量对比图。由图可以明显看出，该建筑全年用水量比较平均，用水波动不大。8 月份为全年耗水峰值，耗水量达 610m^3，2 月份为耗水谷值，耗水量为 480 m^3，峰谷差为 130 m^3。由图可以看出，建筑用水量高峰分别是 1、7、8、9 月，没有明显的一致性变化，而过渡季用水量相对平均。由以上分析可知，气象条件已经不能成为影响建筑耗水量的主要因素。

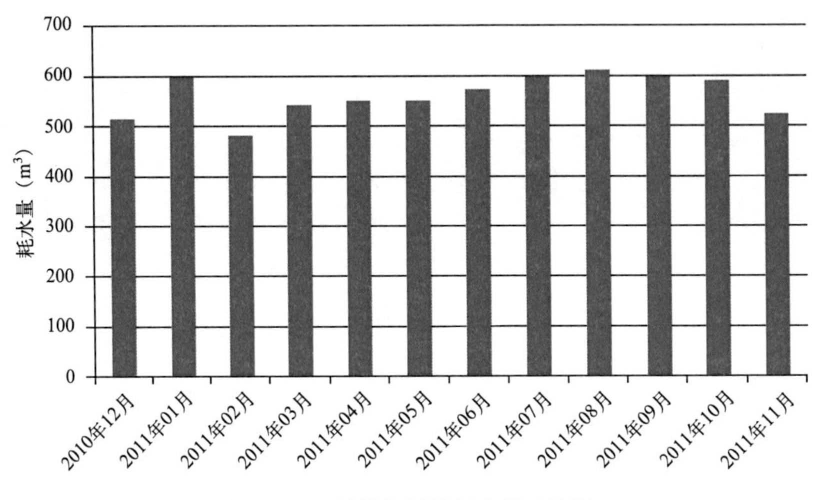

图 7–14　计算年逐月耗水量对比图

7.4.2　建筑分项能耗分析

图 7-15 为建筑分项能耗百分比图。暖通空调用能占总能耗的 57%。另外，照明插座、特殊功能设备用能所占比例分别为 25% 和 18%。

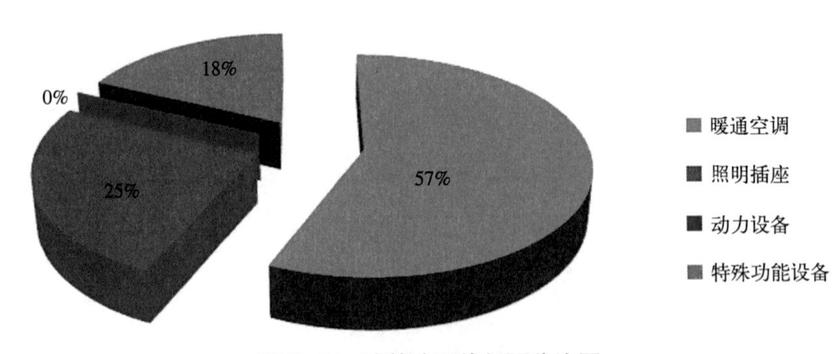

图 7–15　建筑分项能耗百分比图

图 7-16 为建筑分项能耗逐月图。特殊功能设备和动力设备逐月能耗变化较小。暖通空调逐月能耗变化较大，1 月和 7 月最大，分别占当月总能耗的 51% 和 57%。暖通空调分项能耗逐月图基本符合室外气候的一般规律。

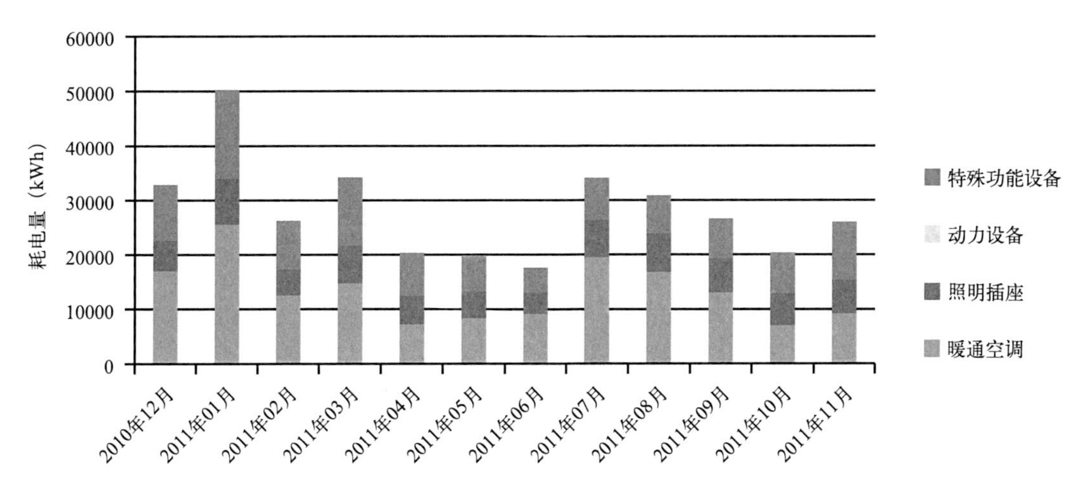

图 7-16　建筑分项能耗逐月图

7.5　室内环境

2011 年 12 月 1 日天津大学调研小组对该建筑进行了温度、湿度、照度及空气品质的检测。由于测试期间为过渡季节，空调并未开启，在室外环境为 10.2℃、64.9% 时，室内温度基本在 15℃以上，相对湿度在 58% 左右。能满足人正常的生活和工作需求。此时在空调未开启的情况下，客房部分室内外温差超过 8℃，说明其围护结构保温效果较好。室内 CO_2 平均浓度为 636ppm，平均照度为 280lx。所有测量结果满足《室内空气品质标准》GB/T 18883-2002 和《建筑照明设计标准》GB 50034-2004 中相关部分的设计要求。

8　重庆某大厦

【建设单位】某股份有限公司
【竣工时间】2008 年

8.1　建筑概况

该建筑位于重庆市，于 2008 年投入使用，建筑总面积 62896.2m^2，建筑朝向为南偏东 38°，建筑共 26 层，地上 23 层，地下 3 层，标准层层高 4.2m，建筑总高度 96.6m。该大厦为办公建筑，供建设单位内部人员办公使用，有办公室、会议室、展览厅、休闲区、食堂、休息室、多功能厅等功能分区。大楼采用的空调冷热源形式为空气源热泵机组和 VRV 的局部式机组。整栋大楼使用人数约为 1200 人，整栋大厦无出租无商铺，大厦工作人员上班时间为 8：30 ~ 17：30。

建筑围护结构采用混凝土剪力墙结构，外墙采用加气混凝土砌块，外窗为中空双层玻璃窗，玻璃为 Low-E 玻璃，窗框材料则为断热窗框。部分窗户采用活动外遮阳，其余无遮阳。

8.2 建筑节能技术

8.2.1 建筑围护结构节能技术

该大厦双层幕墙间距约600mm，中间设置约500mm的活动遮阳百叶（兼具外遮阳和自然采光调节的双重作用），夏季可以控制室外太阳辐射热的传入，冬天可以有效地防止室内热量的损失，在降低能耗的同时，降低能源的损失。

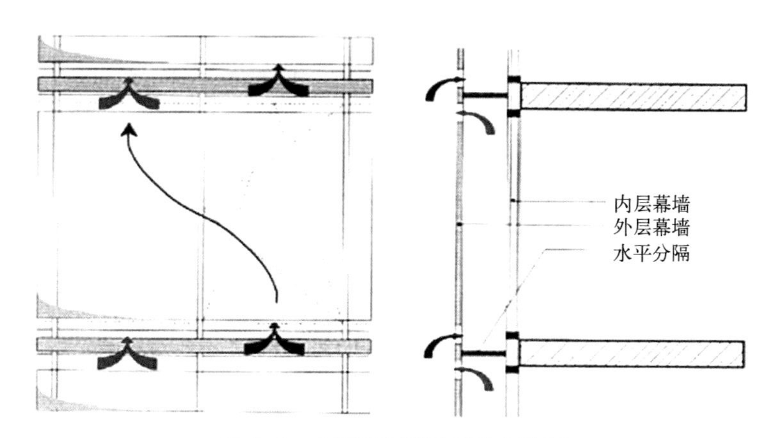

图8–1 大厦双层幕墙系统示意图

该大厦的双层幕墙采用夹廊型，使气流呈对角流动，避免下层污浊空气窜入上层新风口（避免二次污染）。如剖面图8-1、图8-2所示，每层有隔板隔开，决定了每格必须有自然光。采用统一的“通风箱”单元，每个单元有进风和排风。该大厦窗户如图8-3所示。

图8–2 大厦双层幕墙效果图

图8–3 大厦窗户近景图

该大厦采用屋顶绿化（图8-4），吸收、转化太阳辐射热，降低夏季的空调能耗。此外屋顶绿化还具有美化环境、净化空气、吸收雨水、减少二次扬尘和环境污染、丰富城市立体景观的作用。

图 8-4　大厦绿色屋顶

8.2.2　暖通空调系统节能技术

该大厦办公室部分采用 VRV 变频多联机 + 新风系统的空调方式，夏季制冷，冬季制热。室外机如图 8-5 所示。室内可通过温控器控制冷媒流量，从而调节室温。该空调方案可实现集中控制、室内分别对每个空调房间内的空调设备实行有效的单独运行控制与使用授权，以达到高效节能、降低运行成本的效果。

图 8-5　空调室外机

此外，每层设置热回收式新风换气机，提供新风的同时，回收冷（热）量，降低新风能耗。由于排风的空气参数接近空调房间的室内参数，排气的温度相对大气温度有一定的温差，直接排入大气就会造成能量损失。因此，在送入新风时，可以回收利用部分排风中的能耗（包括冷量和热量），达到节能效果。过渡季节，可以只开启新风换气机，对各房间进行置换通风。

8.2.3 高效照明系统节能技术

（1）自然采光

自然采光不仅节能，而且能为室内提供舒适、健康的光环境，是良好的室内环境不可缺少的重要部分，也是实现绿色、自然的必要因素。大厦在建筑设计方面采取了一系列措施以保证获取足够的自然采光。比如通过减小进深、增加层高等方式增加自然采光，如图 8-6 所示。自然采光效果参见图 8-7。

（2）高效光源与灯具

高效光源是照明节能的首要因素，该大厦主要使用 T5、T8 型节能荧光灯（图 8-8），光效为普通白炽灯的 4 倍。使用三基色荧光粉的荧光灯发光效能相比于卤粉荧光灯平均提高 21%，因此可以在保证照明水平不变的前提下，大大减少照明能耗。另外，使用紧凑型荧光灯代替白炽灯，不仅寿命长，而且发光效能比白炽灯高很多。当前紧凑型荧光灯的平均发光效能为 69.3lm/W，远大于白炽灯。

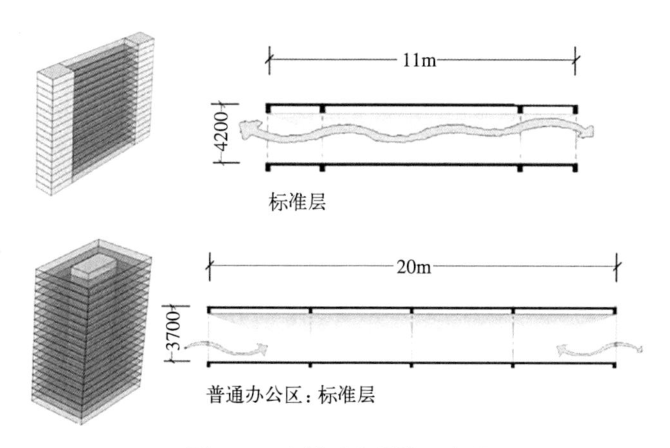

图 8-6　自然采光设计示意图

图 8-7　自然采光效果图（一）

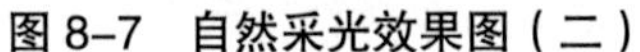

图 8-7 自然采光效果图（二）

图 8-8 节能灯具

8.2.4 可再生能源建筑应用技术

自然通风是节能建筑中广泛采用的一项技术手段。为了达到良好的自然通风效果，在建筑设计方面采取了一系列措施。比如通过减小进深、增加层高来促进自然通风（图 8-9），将高质量空气先送至有人活动的区域，因为空气流通速度较慢，故室内的热舒适度很高。

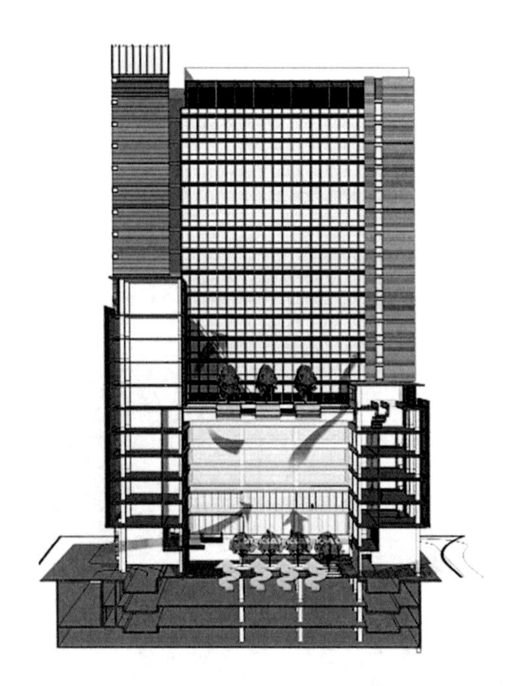

图 8-9 自然通风设计图

具有自然通风功能的室内中庭（图 8-10）是该建筑设计的特色之一。设计还使用低速地面管道送风系统，强化中庭空间的降温效率，同时带走办公空间产生的污浊空气，从屋顶排放，起到环境调控作用。

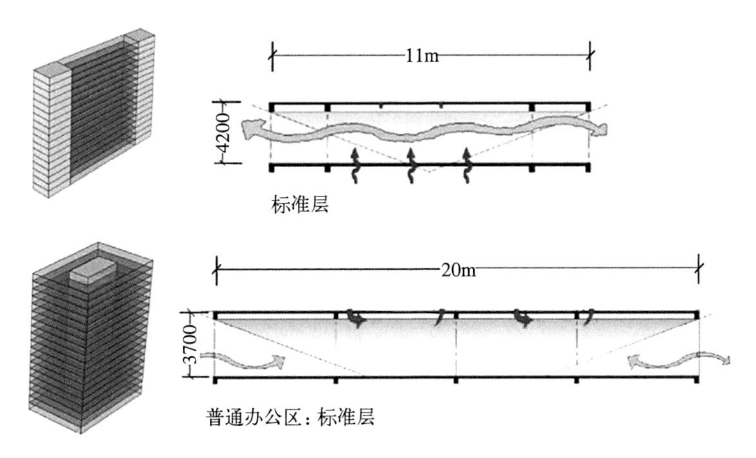

图 8-10 自然通风设计示意图

8.2.5 节水系统及措施

大厦的中水回用及雨水利用工程，将屋面和路面雨水处理后，收集到水池里，用于绿化灌溉用水和清洁用水。当雨水量不足时，自来水自动补偿保证水池的水量。在该项目的游泳池和厨房用水增设中水处理系统，用于绿化灌溉和清洁用水。

主要流程如下：

（1）处理站的污水进水管由化粪池出水经检查井接入调节池；

（2）雨水经弃流过滤装置后进入雨水收集池；

（3）由雨水提升泵提入污水处理站的反应器；

（4）处理后的水进入中水池，储存中水并预留回用水泵吸水口，以备回用。

8.3 建筑能源管理

8.3.1 管理机构

大厦能源管理机构分组情况见图 8-11。该能源管理机构主要职责是进行部门统筹管理，以及对各种突发事件进行及时的处理，并对各部门负责人进行监督考核。机构主要负责人之下分别对应的不同专业管理部门，管理人员各司其职，对各自负责的区域进行日常巡查，重点报事跟踪处理以及对各自负责的区域定期进行维护，各职位责权分明。

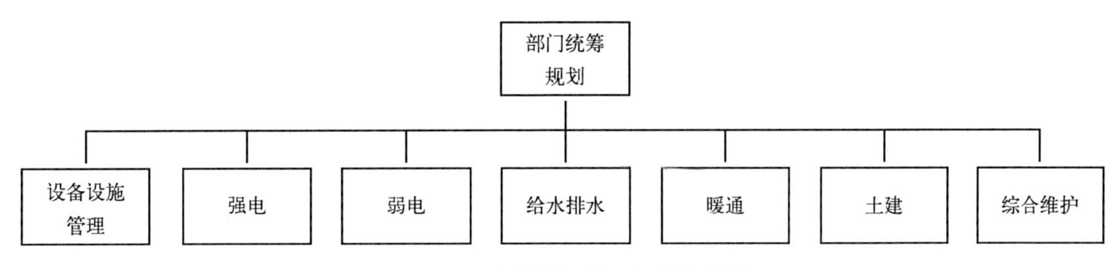

图 8-11 大厦能源管理组织机构图

8.3.2　管理现状

在设备运行期间，物业管理人员会周期性地对各种设备进行运行维护，并制定详细的年度维护计划，物业管理人员均参加了公司举行的专业培训，定期也会召开工作交流会议及专项的培训会议，进行管理及维修方面的培训。物业管理人员整体管理素质均处于较高水平。维护中心有责权分明的职责划分，工作期间有严格的工作制度、上班时间及考核制度。系统运行期间对整栋建筑的能耗及各种设备的记录完善，设备运行时间控制有详细的计划，年度保养及维修均有完善的计划。

8.4　建筑能耗分析

大厦能源主要为电力、市政管网供燃气和水三大类，用电设备主要为空调系统、办公设备、照明用电、厨房设施、消防设施、游泳池、动力设备、特殊用电、直饮水系统及中水回收系统。

8.4.1　建筑总能耗分析

（1）电耗量

建筑用电能耗逐月数据如图 8-12、图 8-13 所示。

通过对大厦 2010 年度逐月用电量进行对比发现，用电高峰出现在 7、8、9 月份，这三个月是重庆地区最为炎热的时间段，建筑物有绝对的供冷需求，故空调系统一般情况下均在运行状态，用电量较大。在 2011 年度逐月用电量的对比中也可以发现这个规律。并且 2011 年的 1、2 月也出现用电峰值。1、2 月则是重庆地区较为寒冷的季节，建筑物需要进行供暖，空调系统也需要开启，这也是电量消耗较高的原因。通过对比得知，建筑用电量较高的时间段均为空调系统运行高峰阶段，对于重庆这样一个夏热冬冷地区的典型城市来说，建筑用电类型时间和规律分布同样表现较为明显，说明空调用电占该建筑总电量消耗的主要部分。因此，大型公共建筑和办公建筑节能的重心应该主要放在空调系统的节能上。

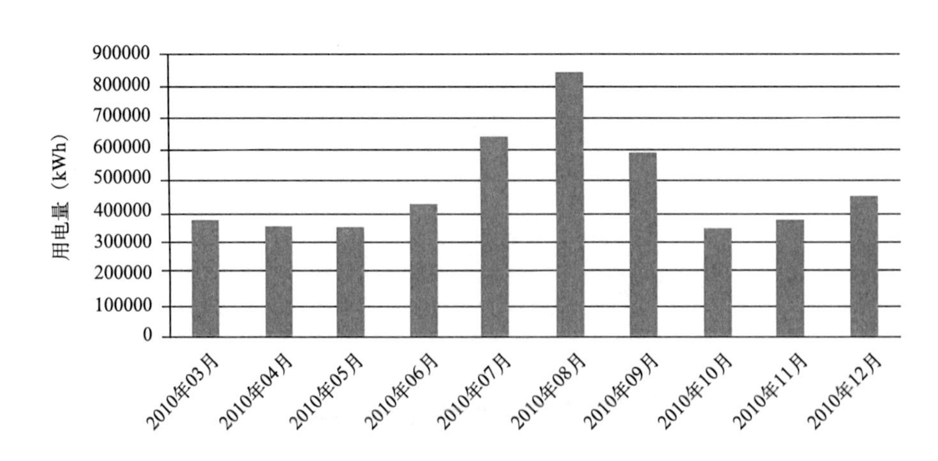

图 8-12　2010 年度逐月用电量

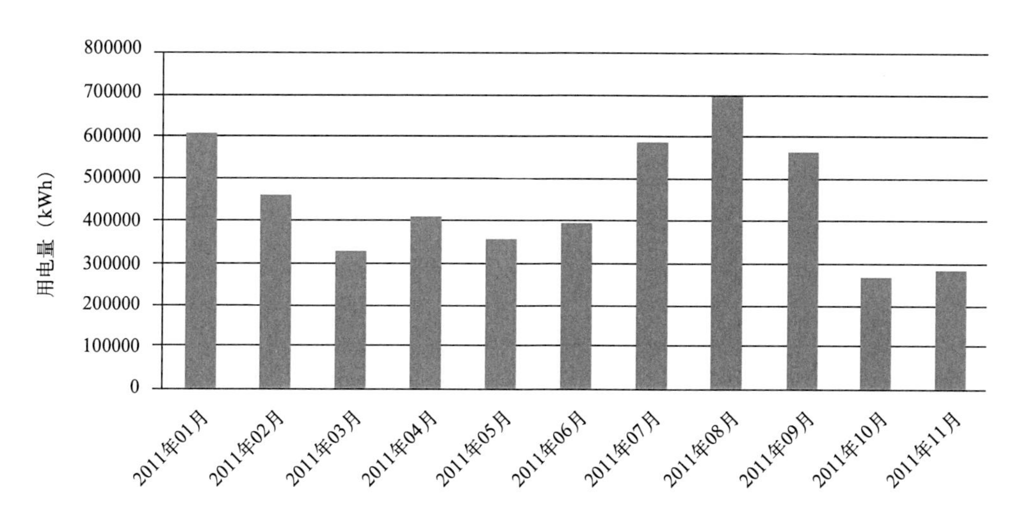

图 8-13　2011 年度逐月用电量

通过对 2010 年度和 2011 年度逐月用电量对比，发现 2011 年度用电量相比 2010 年度同期用电量均有所下降。至 11 月，2011 年和 2010 年同期能耗用电量下降 10.2%，费用下降 10.9%。通过对管理人员进行走访问询发现，该用电量的下降主要是得益于 2011 年度管理方式的改进。

2011 年，在保证办公环境不受影响的情况下，大厦办公大楼能耗情况和 2010 年同期相比，整个用电量大为降低，主要由于加大了各种设备的管理力度，加强公共区域设备设施的巡视检查力度，对设备的开启时间、条件、方法、方式进行更好地整合；加强各种设备设施的维护保养，不断强化设备设施的保养频次、要求，落实保养制度和责任，提高设备设施的使用寿命。

（2）燃料耗量

建筑用气能耗逐月数据如图 8-14、图 8-15 所示。

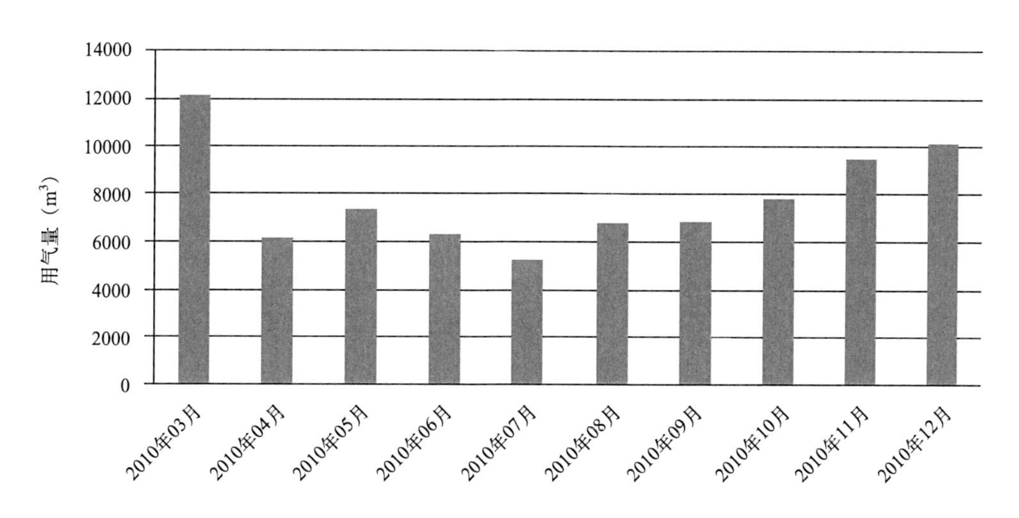

图 8-14　2010 年度逐月用气量

通过对大厦2010～2011年度逐月用气量的分析，发现各个月份的用气量较为平均，在10月、1月、2月用气量相对高一些，这主要是因为在这些月份燃气锅炉启动，使得冬季使用过程中燃气的消耗量较大。

而通过对2010年度及2011年度气费的对比，因为重庆市2010年度燃气价格保持稳定，故用气费用趋势与用气量保持一致。而对两年的用气量对比发现，2011年度相对于2010年度，用气量上升6.3%，费用上升13.2%。

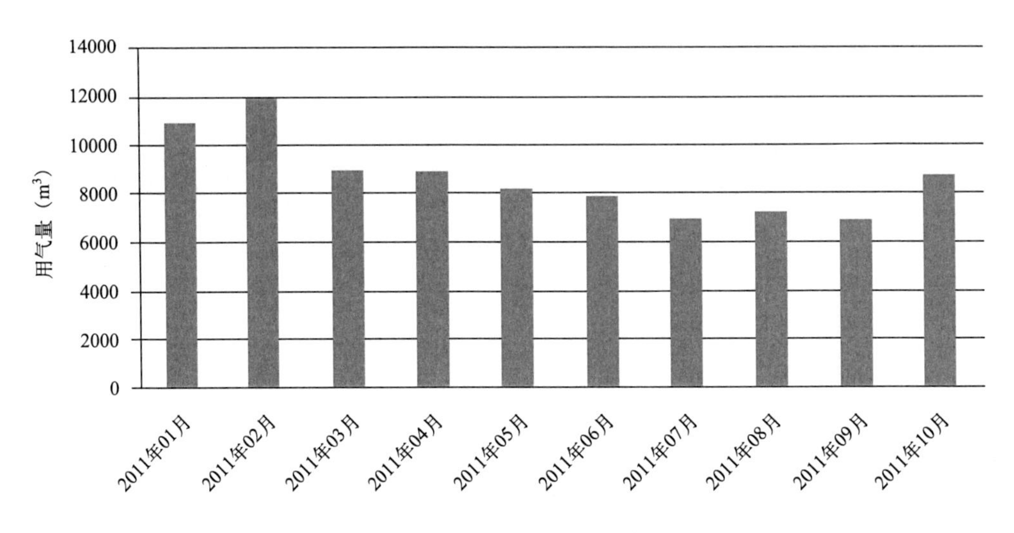

图8–15　2011年度逐月用气量

（3）水耗量

2010年、2011年用水量如图8-16、图8-17所示。

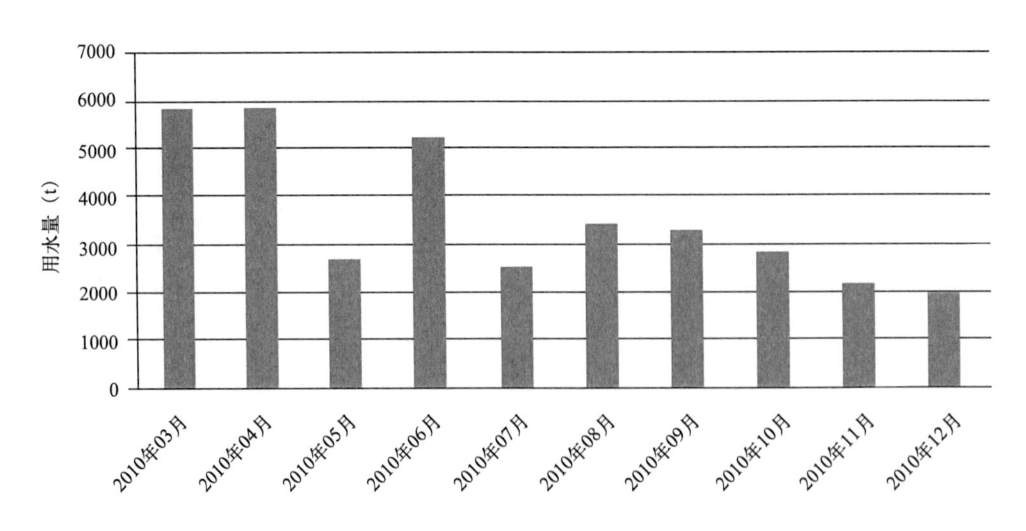

图8–16　2010年度逐月用水量

大厦2010年度用水量体现在夏季明显增多，3月和4月用水量也较多，分析其原因，主要由于3月与4月天气较为严寒，热水使用较多，故水量较大；而在6月份，天气炎热，开启空调系统，用水量高于其他月份。

而在2011年度，用水量体现在夏季明显增多，天气炎热为其主要原因。因为水力公司抄表的原因，3月、4月及5月的数据缺失，但是也可以看出11月及1月室外气温较低，空调开启使得用水量较大，而2月用水量明显较小，2月处于春节放假阶段，建筑使用时间较短，其他月份用电量较为平均。

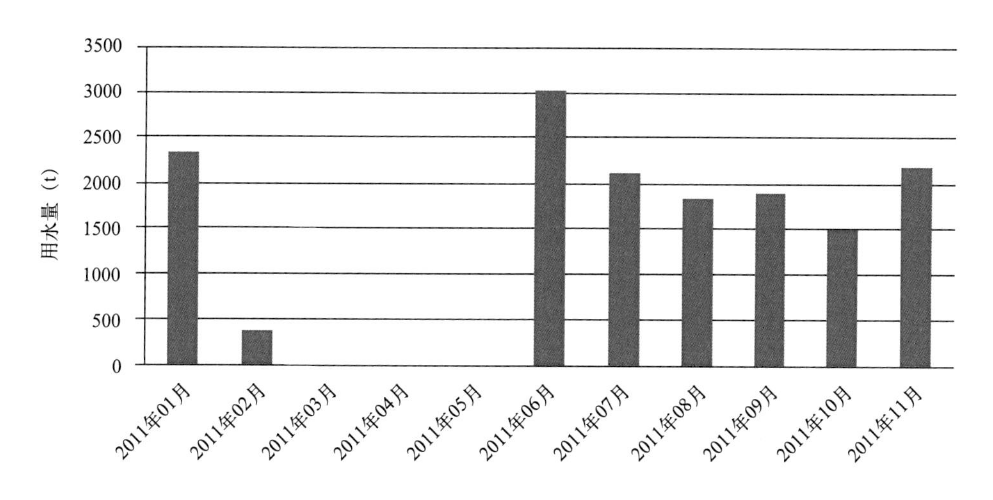

图8-17 2011年度逐月用水量

8.4.2 建筑分项能耗分析

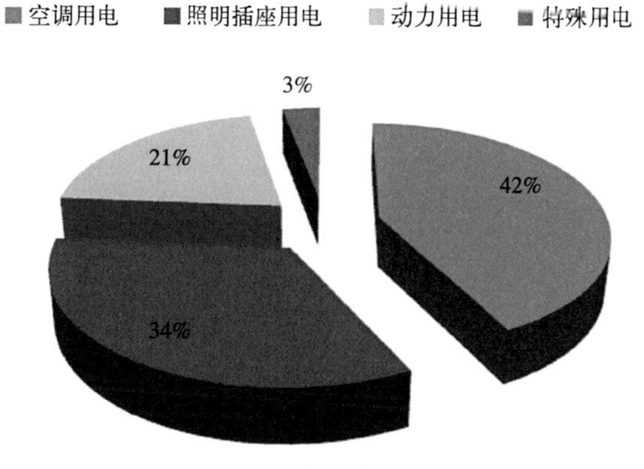

图8-18 分项能耗比例图

将各用能系统的计算结果进行汇总，根据年耗电总量及各分项能耗百分比，计算出各分项能耗值。从图8-18可以看出，空调用电和照明插座用电占总电耗的主要部分，因此，空调设备用电和照明插座用电的节能是该建筑节能的关键部分。

8.5　室内环境

《室内空气品质标准》GB/T 18883-2002 中规定冬季空调室内温度范围为 16 ～ 24℃，相对湿度范围为 30%～ 60%。根据实测结果发现，实行采暖的区域如南楼大厅、南楼公共区、北楼管理办公室，室内温度满足标准的规定值，可以说明，在空调正常运行的状态下，室内热环境基本满足人体热舒适要求。而无采暖的南楼办公室温度也达到了 18℃以上，满足标准要求，这主要得益于建筑围护结构的保温性能较优越。而只有中庭中空区域无供暖的大厅，由于人员进出频繁，大门的频繁开启使得冷风进入室内，使得温度略低于冬季室内温度标准值，但由于人员在大厅停留时间较短，相比其他房间，对室内的温度相对不严格要求。而相对湿度则偏大，这主要是因为重庆地区的地理气候原因造成，但是同时也可以发现，即使是在空调温度较高的房间，温度值较高，湿度也可以满足标准的要求，说明在重庆地区采暖的情况下，湿度较易满足设计要求。

《室内空气品质标准》GB/T 18883-2002 中规定室内 CO_2 的浓度不得超过 1000ppm。根据实测结果发现各房间的 CO_2 浓度均在合格范围之内，根据《国家机关办公建筑和大型公共建筑能源审计导则》规定，得出该建筑室内空气品质评价等级为 A 级，所有测试房间 CO_2 浓度均满足国家标准的规定。

据实测结果结合《建筑照明设计标准》GB 50034-2004 对公共建筑的照度值的规定，普通办公室照度值规定为 300lx，高档办公室、设计室照度值规定为 500lx，会议室照度值规定为 300lx。对照此标准发现，大厦办公室基本满足照度标准，公共区域照度在自然采光的条件下也可以满足日常需求，某些办公室照度略为偏大，原因为灯具数量开启过多，建议采取部分开启的方式运行。

9 重庆某迎宾楼

【建设单位】重庆某学院
【竣工时间】2011 年

9.1 建筑概况

该迎宾楼为绿色建筑示范楼，位于重庆市沙坪坝区大学城，是集办公、留学生住宿和宾馆于一体的综合性建筑。该示范楼建于 2011 年并于当年竣工。该建筑承担学院外联等多项任务，其技术体系先进合理，技术措施运行效果稳定良好，产生的社会经济效益十分显著，为我国建立适合夏热冬冷地区气候特点的绿色建筑技术体系进行了成功探索和示范，项目整体技术处于国内领先水平。

该建筑在系统集成创新应用研究的基础上，采用了自然通风、智能遮阳、墙体自保温、太阳能发电、土壤源热泵、中水回收利用、光导、楼宇自动化控制、废弃物回收利用等20余项绿色建筑技术措施。运行实测数据表明，该项目节能率达79%，节水率达58%，非传统水利用率达37%，每年可节约标准煤828t、减少二氧化碳排放2174t。该项目增量成本为475元/m^2，按照实际运行数据测算，6.8年即收回增量成本的投资，其经济效益和生态效益十分明显，该项目已成为重庆市践行绿色发展理念，展示交流绿色建筑技术应用效果的良好平台和重要载体。

9.2　建筑节能技术

9.2.1　建筑围护结构节能技术

建筑围护结构采用混凝土剪力墙结构，外墙采用加气混凝土砌块且有外保温，外窗为中空双层玻璃窗及中空三层玻璃窗，窗墙比为34%，南立面外观图参见图9-1。

玻璃为Low-E玻璃，窗框材料则为暖边槽式断桥铝合金。窗户遮阳方式有内遮阳、活动外遮阳及固定外遮阳，建筑东向遮阳系数为0.49，玻璃遮阳系数为0.62；南向遮阳系数为0.44，玻璃遮阳系数为0.62；西向遮阳系数为0.52，玻璃遮阳系数为0.62；北向遮阳系数为0.48，玻璃遮阳系数为0.62。

围护结构传热系数：屋面0.3W/（$m^2 \cdot K$），外墙0.54W/（$m^2 \cdot K$）。

该建筑总体布局为坐北朝南的“T”字形布置，自然采光通风较好。采用斜坡面式的半地下室并设置通风采光口，使地下空间能自然采光通风。

外围护结构采用自保温墙体技术，墙体材料选用自重轻、传热系数低的加气混凝土砌块，厚度为230mm。为了解决钢筋混凝土框架外围梁柱表面的冷（热）桥现象，加气混凝土块砌筑时向梁柱外表面出挑30mm，使梁、柱部分在外墙面上形成30mm的凹面，在此凹面上贴30cm厚的聚氨酯保温隔热板，再在整个外墙面抹30cm无机保温砂浆。外墙装饰采用浅色的热反射外墙涂料，提高外墙的隔热性能。南向墙面的窗间墙部分设计了容器型垂直绿化，全面提高外墙体的保温隔热性能，降低墙体的传热系数。窗户采用中空断桥铝合金窗框、双层中空玻璃（单层Low-E）。南立面的玻璃幕墙部分采用“可呼吸”双层玻璃幕墙系统，中间设有500～600mm的空气间层，腔体上下左右均设有通风百叶，根据季节及室外温度的变化可控制腔体内的空气流动，实现其保温隔热功能。

图9–1　南立面外观图

结合建筑功能要求和房间的不同朝向，该示范楼采用了四种形式的遮阳措施，分别为：

（1）建筑构件遮阳：结合建

筑南立面的造型设计，在窗户边设置了水平和垂直遮阳板，其出挑长度根据计算机遮阳模拟计算而定。

(2) 固定百叶遮阳 (图 9-2)：建筑东、西墙面上的大玻璃窗采用外置的固定铝合金百叶，适当调整百叶片角度，可完全遮挡东西向的直射阳光。

(3) 活动百叶遮阳：建筑南立面中间部分的水平带窗采用外置的活动百叶，既保证建筑立面效果，又实现南向遮阳。

(4) 布卷帘式遮阳 (图 9-3)：建筑中部的采光、通风天井，从二层直通屋顶，为防止夏季阳光直射室内，在玻璃屋顶下面设有布帘式卷帘内遮阳。

迎宾楼双层中空玻璃幕墙系统参见图 9-4、图 9-5。

图 9–2 迎宾楼固定百叶遮阳

图 9–3 布帘式卷帘内遮阳

图 9–4 迎宾楼双层中空玻璃

图 9–5　双层玻璃幕墙系统

9.2.2　暖通空调系统节能技术

迎宾楼采用 VRV 变频多联机 + 新风系统的空调方式，夏季制冷，冬季制热。室内可通过温控器控制冷媒流量，从而调节室温。空调机组控制采用变流量控制设备。变频控制技术不仅能有效改善空调系统的工艺不足，还能大幅降低机组、风机、水泵等空调设备的能耗，节省运行成本。冷热源机房参见图 9-6。

同时，迎宾楼在新风量大且集中的大房间设置了新风和排风的全热交换器。夏季运行时，新风从空调排风获得冷量，使温度降低，同时被空调风干燥，使新风含湿量降低；冬季运行时，新风从空调室排风获得热量，温度升高，同时被空调室排风加湿。这样，通过全热交换器的换热芯体的全热换热过程，让新风从空调排风中回收能量。新风系统开关参见图 9-7。

图 9–6　冷热源机房

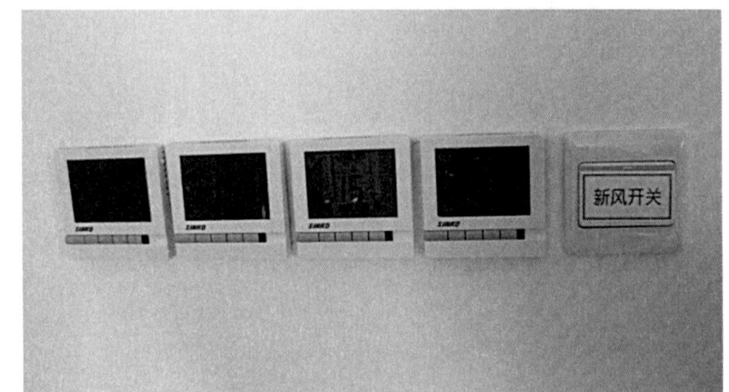

图 9–7　迎宾楼新风系统开关

9.2.3　高效照明系统节能技术

高效光源是照明节能的首要因素，迎宾楼电光源采用高效节能的 T5 灯管，车库、走廊采用 LED 照明；灯具采用高反射率灯具，并选择合适的保护角，提高光线的使用率；节能灯具参见图 9-8。会议室、多功能厅、门厅等大开间照明采用智能场景控制，客房照明采用智能照明控制系统，灯具开关如图 9-9 所示。

图 9-8 迎宾楼节能灯具

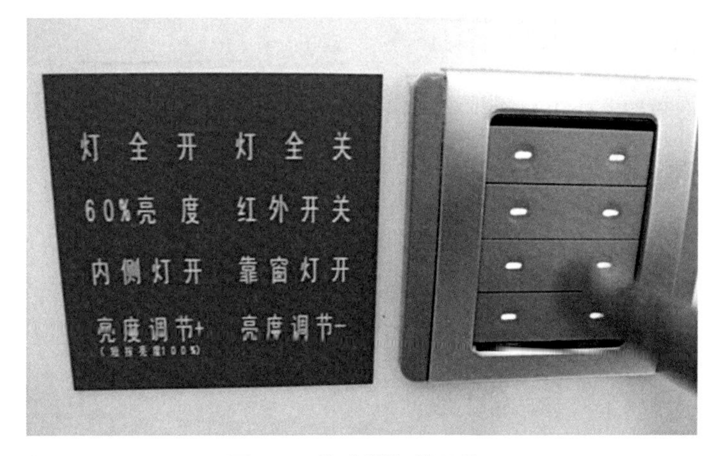

图 9-9 迎宾楼灯具开关

9.2.4 可再生能源应用技术

为了最大限度地利用可再生能源来替代化石能源，在建筑运行过程中实现化石能源低消耗，迎宾楼针对不同的可再生能源采取了相应的节能措施。

地能的利用：采用土壤源热泵系统作为建筑空调冷热源，主机为两台螺杆式地源热泵机组，闭式循环水地埋管，埋深 100m，环路温差为 5℃。并且循环水泵采用变流量控制，替代常规锅炉为建筑提供生活热水。

地源热泵系统利用浅层地下存在相对恒温层的特性，采用竖孔技术，通过置于竖孔下的土壤换热装置，提取存在于周围土壤、砂石中的热量，从而实现为建筑物冬季供暖、夏季制冷、日常提供生活热水。系统每消耗 1 度电可得到相当于 4 度电的热（冷）量。通过在地下埋设管道，构成“地热换热器”，使大地成为热泵系统的冷热源，地下冷却水采取闭式循环，具有热效率高、不受水资源限制等优点。

太阳能利用：太阳能作为一种取之不尽、用之不竭、清洁环保的可再生能源，已成为当前国际能源开发利用的重点领域，其应用规模和使用范围正在不断扩大。迎宾楼对于太阳能的集热作用、光热作用有较好的应用。

为改善室内和地下空间的自然采光效果，迎宾楼采用导光管、光纤等先进的自然采光技术将室外的自然光引入室内，参见图 9-10，改善室内照明质量和自然光利用效果。

屋顶铺设有 25m^2 太阳能集热器（图 9-11），所集热量用于厨房热水供应。

图 9-10　迎宾楼屋顶的光导管

图 9-11　屋顶的太阳能集热板

屋顶铺设有 40m^2 太阳能光伏电池板，其所集电量并入楼内局域网。光伏发电系统是由光伏电池板、控制器和电能储存及变换环节构成的发电与电能变换系统。太阳光辐射能量经由光伏电池板直接转换为电能，并通过电缆、控制器、储能等环节予以储存和转换，供负载使用。太阳能路灯如图 9-12 所示。

9.2.5　节水系统及措施

迎宾楼采用中水回收利用技术，通过对中水的合理收集与利用，补充水源，削减城市洪峰流量，有效控制地面水体的污染，对改善城市的生态环境、缓解水资源紧张的局面有重要的现实意义。

该系统将中水处理后，收集到水池里，用于公共卫生间冲洗、洗车、绿化灌溉等，参见图 9-13。中水用量占迎宾楼用水总量的 47% 左右。

图 9-12　太阳能路灯

图 9–13 中水处理

9.3 建筑能源管理

9.3.1 管理机构

迎宾楼无专业的能源管理人员，能源管理完全融入日常管理之中，有详细的管理工作制度，能源的责、权、利分明。

9.3.2 管理现状

在设备运行期间，物业管理人员会周期性地对各种设备进行运行维护，并制定有详细的年度维护计划，物业管理人员均参加了公司举行的专业培训，定期也会召开工作交流会议及专项的培训会议，进行管理及维修方面的培训，物业管理人员整体管理素质均处于较高水平，维护中心有责权分明的职责划分，工作期间有严格的工作制度、上班时间及考核制度，系统运行期间对整栋建筑的能耗及各种设备的记录完善，设备运行时间控制有详细的计划，年度保养及维修均有完善的计划。

迎宾楼针对不同的能源种类采取了相应节能措施：

（1）节水方面。对中水进行合理收集与利用，将中水用于公共卫生间冲洗、洗车、绿化用水等。绿化采用滴灌、喷灌等节水技术。

（2）节电方面。加强设备使用管理，对办公区域、公共区域空调进行温度设定，达到国家最佳节能温度 26℃，最终达到最大限度的节能；加强公共区域照明灯具的管理，对整个大楼接待区域的照明位置、时间、范围进行严格管理，提高使用效率。

（3）节能宣传方面。对各个开关位置进行了标识张贴（如：节约是美德、低碳节能等标识），参见图 9-14，引导和提醒大家加强节能降耗管理，最终真正达到节约从身边做起的作用。

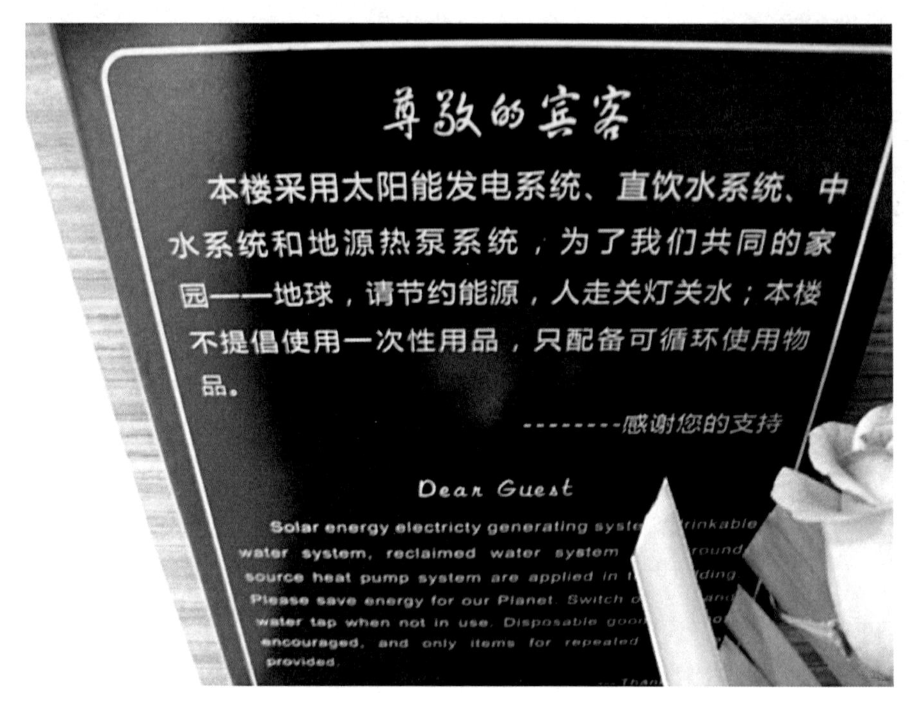

图 9–14　迎宾楼节能宣传标语

9.4　建筑能耗分析

迎宾楼能源主要为电力、市政管网供燃气、水三大类，用电设备主要为空调系统、办公设备、照明用电、消防设施、动力设备、特殊用电、直饮水系统及中水回收系统。

9.4.1　建筑总能耗分析

由于该建筑属新建建筑，截至项目采集日期，建筑仍处于施工调试试运行阶段，相关能耗数据并不能完全体现该建筑的正常运行情况，由于受课题进展限制，此处仅以此数据为据分析。

（1）电耗

建筑用电能耗逐月数据如图 9-15 所示。

由图 9-15 可以看出，迎宾楼用电高峰出现在 6、7、8 月份，原因为这三个月为重庆地区最炎热的时间段，建筑物对供冷的需求量大，空调一直处于运行状态。另外，12 月与 1 月的用电量相比其他制冷月份的用电量较高，因为建筑物在这个时期内需要供暖，空调也是一直处于运行状态。一般来说，建筑物用电量较高的时间段为空调系统运行高峰阶段，对于夏热冬冷地区的典型城市来说，建筑用电类型时间和规律分布同样表现较为明显，说明空调用电占该建筑总电量消耗的主要部分。

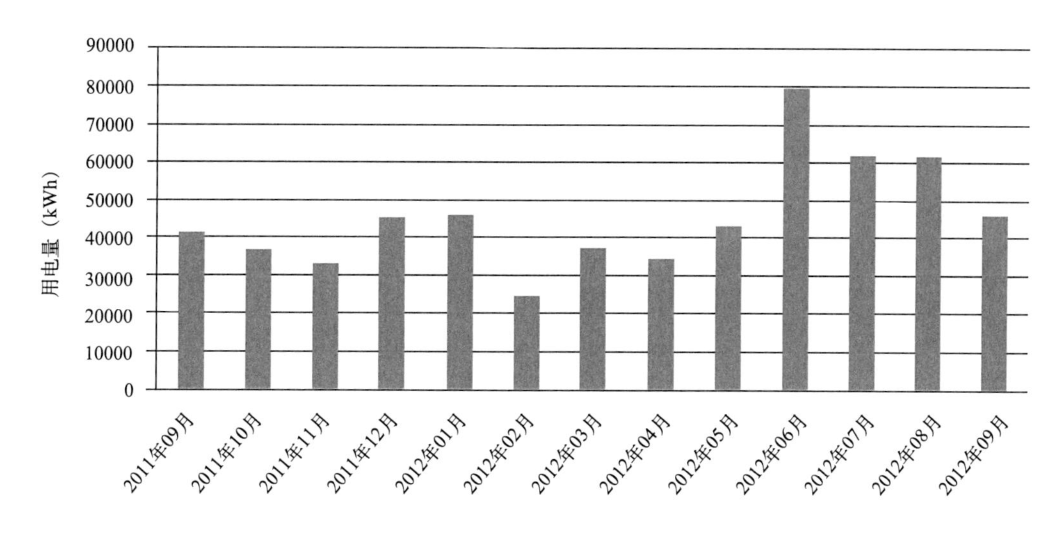

图 9-15 2011 ~ 2012 年度逐月用电量

（2）燃料耗量

建筑用气能耗逐月数据如图 9-16 所示。

通过对迎宾楼 2011 ~ 2012 年度逐月用气量的分析，冬季用气量相对夏季要略高一些，在冬季人们对生活热水量的需求更大，所以燃气耗量增加。但是在 3 月和 9 月都出现用气量的高峰。首先因为迎宾楼的使用功能较为复杂，包括教室、办公室以及客房，所以建筑使用人员的不确定性较大。由于迎宾楼 2011 年才竣工投入使用，缺乏其他年度的数据进行对比分析。初步估计是由于大楼使用人数变化导致的用气量变化。

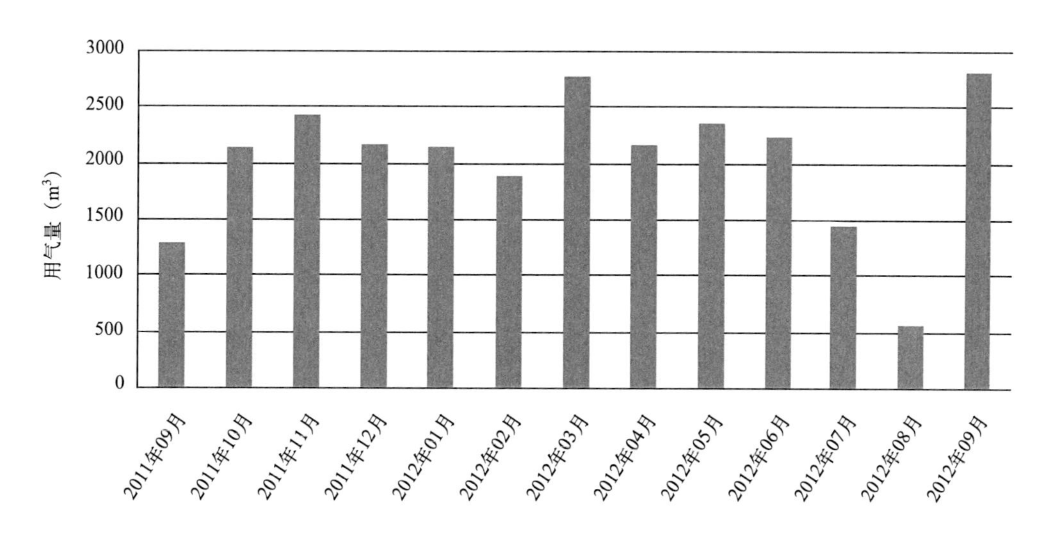

图 9-16 2011 ~ 2012 年度逐月用气量

（3）水耗量

建筑用水逐月数据如图 9-17 所示。

迎宾楼 2011 ～ 2012 年度用水量的显著特点为 4 月份之后用水量明显增加，2011 年 9 月～ 2012 年 3 月，用水量一直很均匀处于较低的水平。分析其原因，主要由于迎宾楼投入使用之初，各部门工作还未完全进入正常状态，随着大楼使用人数越来越多，用水量开始趋于正常规律。尤其是随着气温升高，人们生活用水量增加，并且需要开启空调。而随着暑假的到来，用水量又有所减少。但较冬季来说仍然要高一些。

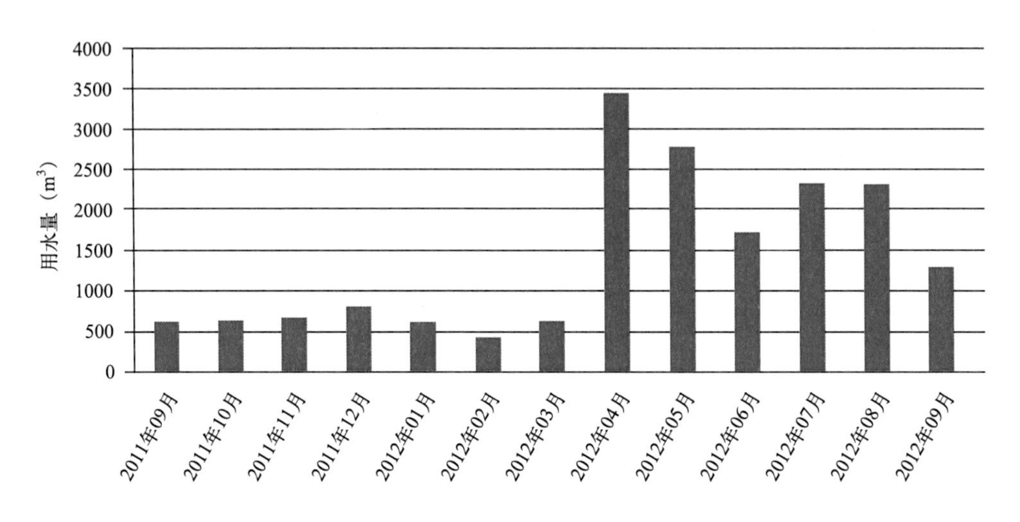

图 9–17　2011 ～ 2012 年度逐月用水量

9.4.2　建筑分项能耗分析

根据迎宾楼分项能耗的估算结果，空调用电和动力用电占总电耗的主要部分，分项能耗比例分布也与建筑的使用功能密切相关。迎宾楼是一栋综合建筑，但主要用于举行会议活动、住宿等，办公设备不多，所以照明插座能耗较低。

迎宾楼分项能耗比例如图 9-18 所示。

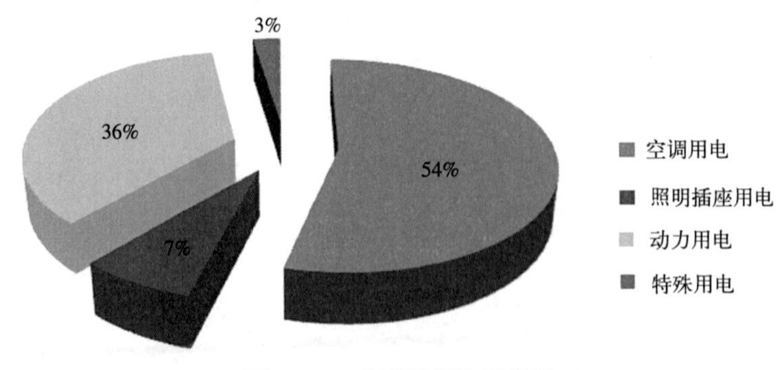

图 9–18　分项能耗比例饼图

9.5 室内环境

根据室内温湿度现场测试（图 9-19）的结果发现，该建筑围护结构及外窗玻璃节能性能出众，在不开空调的情况下，南向和北向的宾馆房间温度稳定，两个朝向的房间温差在1℃之内，且较为稳定，在《室内空气品质标准》GB/T 18883-2002 的规定之中。在宾馆标间开启空调的情况下，室内空调开始为 22℃时，房间内温度上升迅速，且分布均匀，湿度也维持在标准之内，不影响室内的舒适性。在教室及会议室等没开空调的房间，房间内温湿度维持稳定。

图 9-19　对迎宾楼室内环境进行现场测试

《室内空气品质标准》GB/T 18883-2002 中规定室内 CO_2 的浓度不得超过 1000ppm。根据实测结果发现各房间的 CO_2 浓度均在合格范围之内，根据《国家机关办公建筑和大型公共建筑能源审计导则》规定，得出该建筑室内空气品质评价等级为 A 级，所有测试房间 CO_2 浓度均满足国家标准的规定。

选取建筑内不同功能的房间进行照度的测试。《建筑照明设计标准》GB 50034-2004 对公共建筑的照度值规定，普通办公室照度值规定为 300lx，高档办公室，设计室照度值规定为 500lx，会议室照度值规定为 300lx，卧室（一般活动）照度值规定为 75lx，教室照度值规定为 300lx。对照此标准发现，所测办公室基本满足照度标准，宾馆房间内在自然采光及开灯情况下均满足照度值要求，教室照度值偏低，原因为非上课时间灯具处于关闭状态。

10　深圳市某办公楼（一）

【建设单位】深圳市某集团
【竣工时间】2009 年 7 月

10.1　建筑概况

该办公楼是一个集办公、住宅和酒店等功能为一体的三星级绿色示范性建筑。其竣工时间为 2009 年 7 月，运营时间为 2009 年 10 月。该建筑由几个功能相对独立的区域组成，包括地上部分和地下部分两大块，其中地上部分又包括办公总部、国际会议中心、酒店三个部分，三个部分之间相互隔开，互不影响；地下设有地下车库、设备机房和办公区域相应的厨房等。该建筑群的总建筑面积为 166000 m^2，总占地面积 61729.7 m^2，其中办公区域建筑面积为 80200 m^2，本次针对其中的办公区域部分进行调研。办公区域为南北朝向，建筑高度 35m，标准层层高 3.9m，地上 7 层，地下 3 层，办公区使用人数共约 700 人，使用率达 80%。

10.2 建筑节能技术

10.2.1 建筑围护结构节能技术

建筑结构形式为玻璃幕墙结构，如图 10-1 所示。主墙体采用 200mm 加气凝土砌块，内外抹 20mm 水泥砂浆。幕墙玻璃采用双层中空 Low-E 玻璃，窗框材料为铝合金。屋顶主体为 150mm 钢筋混凝土，保温材料采用 35mm 挤塑聚苯乙烯泡沫塑料板，屋面为绿色屋面。架空楼板主体为 150mm 钢筋混凝土，底部为 1000mm 架空层。

图 10–1 玻璃幕墙外围护结构

外窗采用高透遮阳型双层 Low-E 玻璃，遮阳系数低于 0.42，透过率大于 0.6。南向和东向采用可调铝合金遮阳板系统，并设有内遮阳，如图 10-2 所示。

图 10–2 建筑中的遮阳系统（可调外遮阳板、内遮阳）

实际运行中，可以根据朝向和天气情况合理控制各方向的遮阳板开启角度，从而有效地节约了空调与照明能耗，如图 10-3 所示。建筑外窗（包括玻璃幕墙）可开启面积不小于外窗总面积的 30%。

图 10–3　外遮阳措施（外遮阳感光自控元件、开启状态和关闭状态的外遮阳百叶）

在室内还采用了可再生的绿色建材来进行建筑装饰，如利用速生竹材作为混凝土模板应用于建筑室内装饰中，见图 10-4。

图 10–4　可再生建筑装饰材料——速生竹材

10.2.2　建筑空调系统节能技术

（1）冷源选用：在夜间用电低谷采用电制冰机制冰，将冷量以冰的方式储存起来，再在电价较高的白天用电高峰期时把储存的冷量释放出来，以满足建筑物空调负荷的需要，充分利用峰谷电价差节省运行费用（图 10-5）。

（2）空调末端设备选用：采用地板送风系统（图 10-6）来降低运行费用，提高环境的舒适度并且增强室内办公空间布置的灵活性。空调末端采用地板送风方式，利用地板下部空间作为送风通道，送风温度较高，能够有效节能，并可提高工作区空气品质和舒适性。此外，建筑空调系统中的新风处理设备均采用新风热回收系统，并利用新风 CO_2 浓度控制新风量，实现空调系统末端设备的节能。

图 10–5　蓄冰空调系统（一）

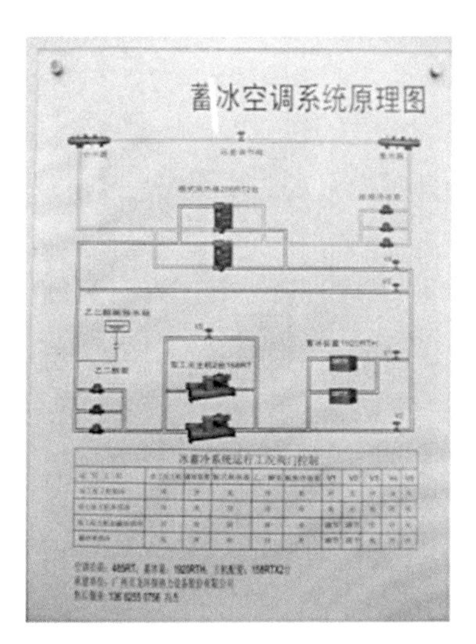

图 10-5 蓄冰空调系统（二）

图 10-6 地板送风系统

(3) 空调系统的运行控制：通过空调末端分户控制和过渡季节（10 月下旬～ 11 月中旬）全新风运行来实现空调系统的节能降耗。

10.2.3 高效照明系统

该建筑最大限度地利用自然采光。在建筑地面、景观水池和屋顶上都设置有采光井（如图 10-7 所示）。

办公室、会议室等采用 T5 型直管荧光灯，配用电子镇流器，光源具有较好的显色性和适宜的色温；地下车库设有直流照明系统（65 套 LED 灯具），由独立太阳能光伏发电系统供电。同时采用数字智能照明控制系统，综合运用调光、场景、自动感应、光感日照补偿、定时等多种控制手段，最大限度地节约能源，如图 10-8 所示。

图 10-7　建筑内自然采光措施

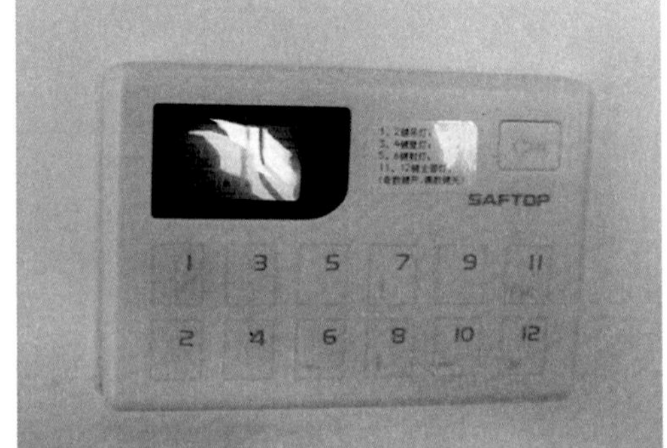

图 10-8　照明系统 T5 型直管荧光灯和数字智能照明控制系统控制器

室内照明采用局部照明与背景照明相结合的方式；使用工作专用灯（图 10-9）；节能灯具外加光控、红外智能化、分区的自动控制等措施，大大降低了该建筑的照明能耗，使其照明能耗较之同等规模的同类建筑降低了 30% 左右。据调研，建筑室内的照明功率小于《建筑照明设计标准》的目标值要求，室内照明的平均功率密度为 7W/m^2。

图 10-9　室内照明灯具节能措施

10.2.4 可再生能源节能技术

深圳地处华南地区，属于副热带季风气候，室外气温较高，全年日照充足，全年约有80%的白天具有采集太阳热能的条件，年太阳辐射量为5225MJ/m^2，年日照百分率达到47%，太阳能利用的自然资源条件优越。本建筑在太阳能利用方面，采用当前最高效的异质结电池组成光伏太阳能发电并网运行技术。屋顶安装了约4000 m^{2}的单晶硅太阳能光伏发电板，如图10-10所示。该建筑电能消耗量的12.5%（约28万kWh）是由太阳能光伏板产生的。此外，建筑中办公区全部的生活热水以及建筑中酒店部分所需热水的50%也是利用太阳能热水器产生的，如图10-11所示。

图10–10　光伏发电系统屋顶太阳能电池板

图10–11　太阳能热水系统中屋顶太阳能集热器和热水箱

10.2.5 高效节水系统

在建筑景观用水方面，建筑采用了与景观设计紧密结合，以雨水收集灌溉为主的景观水体补水方式，做到屋面雨水全部收集，地面雨水全部渗透处理；通过渗蓄等措施控制雨水径流的排放，充分利用雨水资源，以中水资源为补充，实现雨水、中水、景观水的优化设计。根据水量平衡统筹规划，在场地内设计了 600m^3 的雨水收集池来减少建筑外排雨水量，提供绿化及景观用水。采用人工湿地技术，收集利用建筑中水。人工湿地与建筑的雨水、中水收集系统相结合。中水系统收集的水量稳定，基本不受时间、气候等的影响。

在建筑内给水方面，建筑中所有的用水器具均采用节水器具，包括无水小便器和其他超低节水率的器具，盥洗水龙头采用流量为 1.9L/s 的感应水龙头，能够减少自来水的用水量和管材用量。建筑中还设有用水计量水表，以确保建筑中的水量平衡。具体节水措施如图 10-12 所示。

人工湿地

透水地面

节水器具

图 10–12　建筑的节水措施

10.3　建筑能源管理

10.3.1　管理机构

该建筑的能源利用由其所属物业公司能源管理部门进行管理。能源管理部门负责人主要包括专业管理部门负责人、物业服务中心负责人和维修负责人，设备房有相应的设备机房负责人。管理内容主要包括设备房管理、电梯设备管理、发电机设备管理、二次供水水箱清洗、给水排水系统维护、高低压配电设备管理、空调系统管理等。

10.3.2　管理现状

在建筑能源管理制度的实施方面：对主要设备的运行状况定时进行记录，记录完整清晰；每个人的管理分工明确；并设有合理应急方案。

能源计量是实现科学管理的基础性工作。该建筑中设有分项计量电表，可以对建筑能耗进行分项计量管理，各建筑能耗分项计量电表都位于建筑地下层中的变配电机房中（图 10-13）。配电设备运行记录参见图 10-14。目前该办公建筑的能源计量、统计、管理工作主要由物业中心负责。此外，该建筑在天然气耗量方面也具备完善的逐日记录数据。该建筑对其中的光伏发电系统、供水管网系统和中央空调系统都设有单独的监测控制系统，具体的监测控制界面分别如图 10-15 ～图 10-17 所示。另外，该建筑中还设置了深圳市国家机关办公建筑和大型公共建筑能耗动态监测统计系统（图 10-18）。系统通过对建筑的各种能耗数据进行监测和管理，对能源利用状况定量分析，及时进行节能诊断，为改进能源管理和开展节能技术改造提供科学依据。

图 10-13　配电机房中各分项计量电表

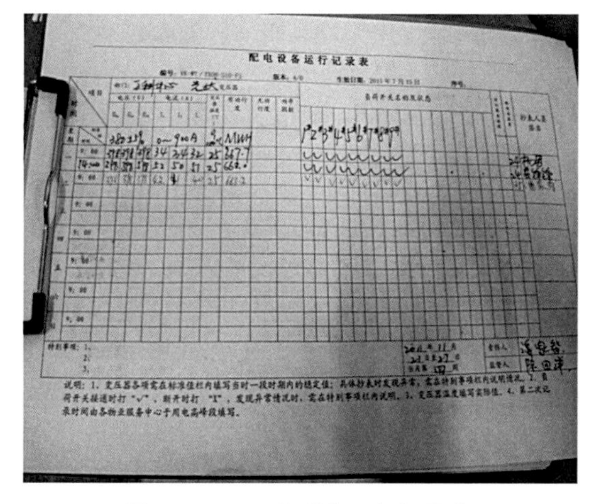

图 10-14　配电设备运行记录表

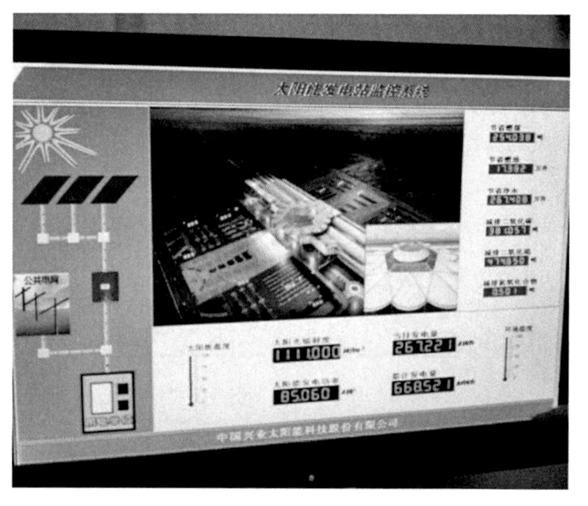

图 10-15　太阳能发电站监控系统

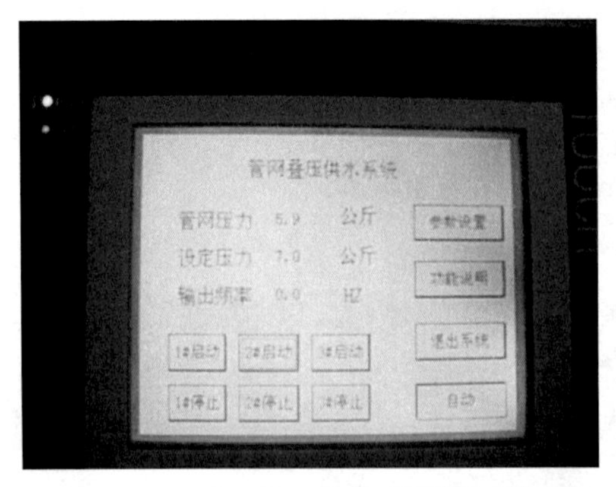

图 10-16　管网叠压供水系统控制系统

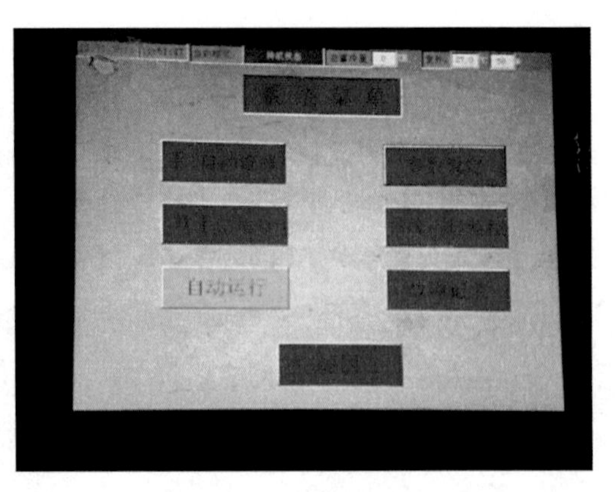

图 10-17　中央空调控制系统

图 10-18　深圳市国家机关办公建筑和大型公共建筑能耗动态监测统计系统

建筑内对室内外人工照明开启时间进行控制，定时开关夜间照明及景观照明，如图10-19 所示。

图 10-19　白天室内灯关闭，靠室外采光照明

建筑内还对垃圾进行分类回收，把不同的垃圾分开放，方便有危害的垃圾资源化利用和无害化处理，如图 10-20、图 10-21 所示。

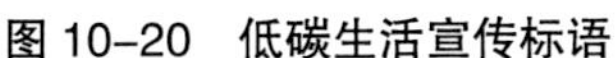
图 10-20 低碳生活宣传标语

图 10-21 垃圾分类回收

10.4 建筑能耗分析

10.4.1 建筑总能耗分析

该建筑的用能种类包括水耗量、电耗量和燃气耗量。用电系统包括空调系统、电梯系统、照明系统、给水排水系统以及其他用能系统，天然气仅供办公区厨房使用。

(1) 电耗量

图 10-22 为该建筑从 2010 年 8 月～2011 年 7 月的逐月耗电量对比图。由图可以明显看出，7 月份为全年耗电峰值，耗电量达 359600kWh；3 月份为耗电谷值，耗电量为 94000kWh。峰谷差为 265600kWh；且谷值到峰值的耗电量成逐月递增趋势，平均增长率为 43.08%。分析其原因：由于 3 月份室外平均气温适宜，中央空调系统关闭且各分体空调无需供热，照明、室内设备等其他系统能耗全年变化不大，所以在 3 月份出现用电量谷值。7 月份室外平均温度高，中央空调开启，耗电量随之增大。因此可以认为 7 月份同 3 月份

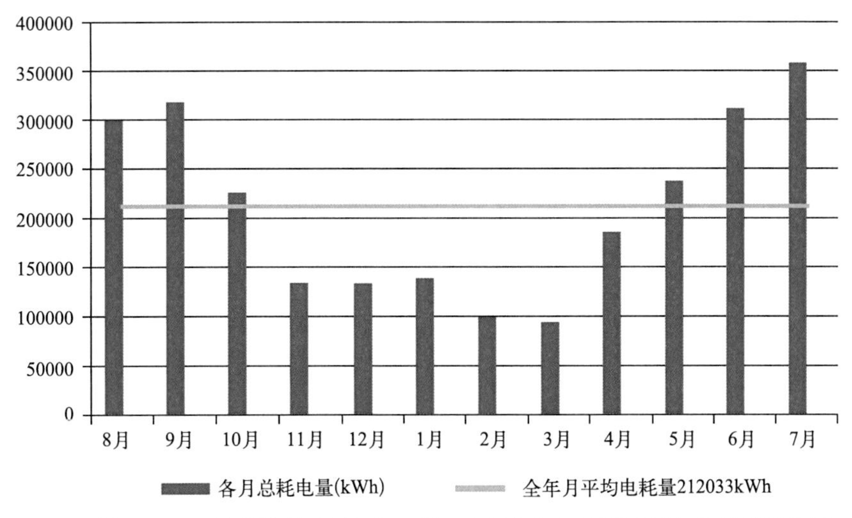

图 10-22 该建筑从 2010 年 8 月～2011 年 7 月逐月耗电量及其平均值

耗电量差265600kWh为7月份中央空调系统的电耗。由此可见中央空调系统是该建筑能耗的主导，加强该建筑空调系统能源管理，对降低整个建筑能耗有着重要的意义。

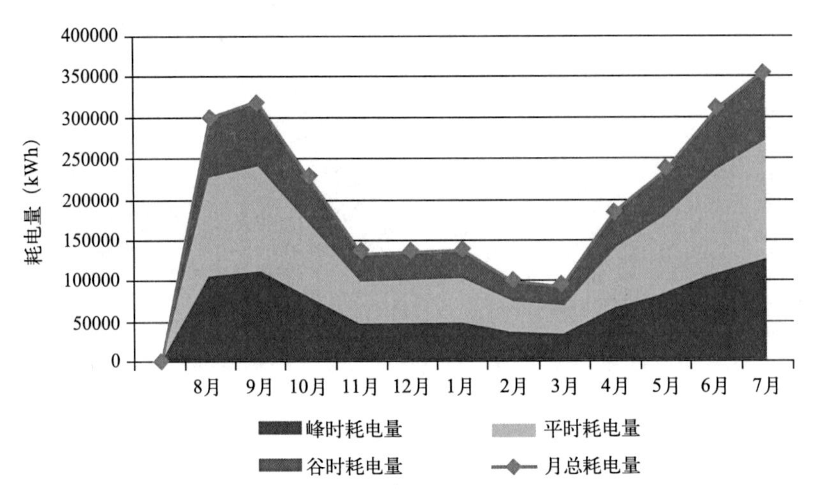

图10-23 该建筑逐月耗电量统计（各月的峰时、谷时、平时和总电耗）

由图10-23可以看出，在各月的建筑总电耗中峰时电耗约占总电耗的34.72%，平时电耗约占总电耗的42%，谷时耗电量约占总电耗的23.28%，采用蓄冰空调系统，结合深圳市电费收取特点，将电力“削峰填谷”，与全部处于峰值电价或平时电价的一般空调系统相比，大大压缩了空调系统用电电费，从而使整个建筑的运行费用大大降低。

(2) 燃气耗量

该建筑的办公区地下一层的厨房和二层的员工餐厅需要消耗天然气提供炊事用能。图10-24为2010年8月～2011年7月的逐月耗气（天然气）量对比图。2011年4月耗气量出现极大值3762m^3，2月一般是春节假期，所以耗气量出现谷值1489 m^3。

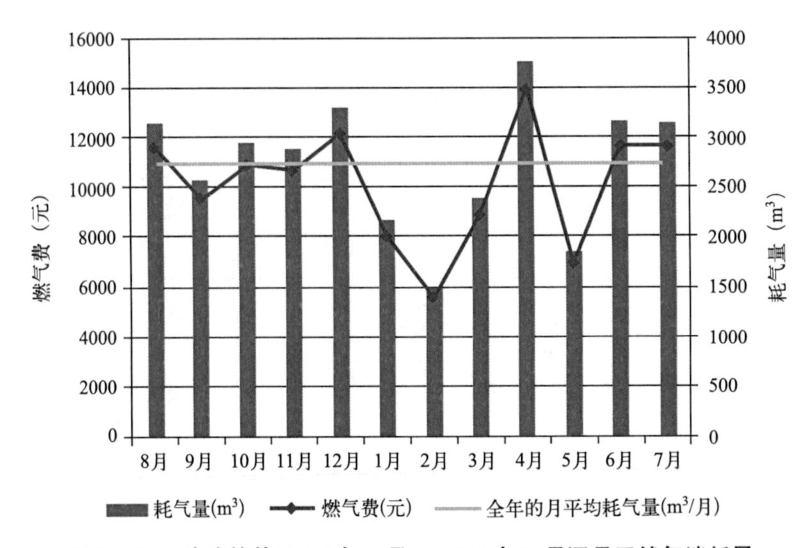

图10-24 该建筑从2010年8月～2011年7月逐月天然气消耗量

由该建筑提供的各月耗气量和室外平均温度可汇集成图 10-25。图中建筑月耗气量与室外温度的相关性不大，二者峰谷值及变化趋势都不相同。

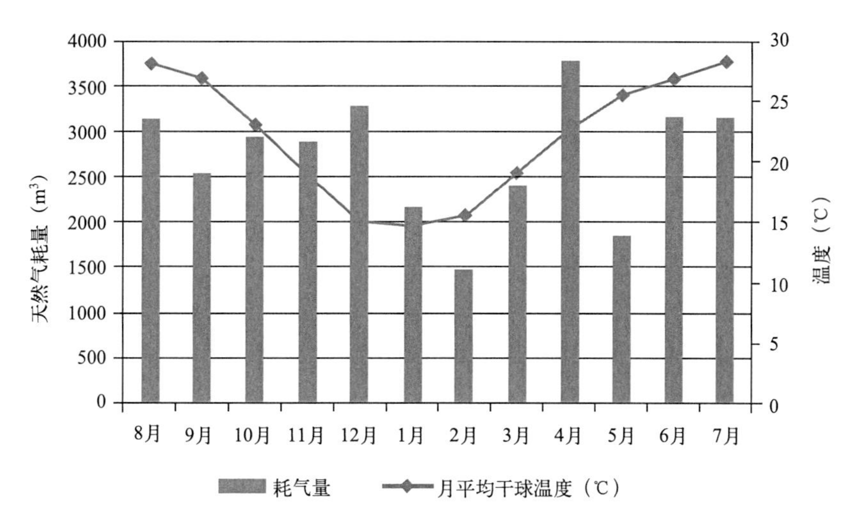

图 10-25　该建筑从 2010 年 8 月～ 2011 年 7 月逐月耗气量与室外温度对比图

由于本建筑中燃气仅供建筑炊事用，故燃气耗量与建筑中的空调系统运行状况之间无明显的关系，与室外气象参数之间也无明显的关系，而是受建筑中的人员流动情况、建筑使用率等因素的影响。

(3) 水耗量

根据 2010 年 8 月～ 2011 年 7 月逐月耗水量的统计数据，该建筑卫生清洁用水、绿化用水、雨水池补水累计全年耗水量为 56959t。

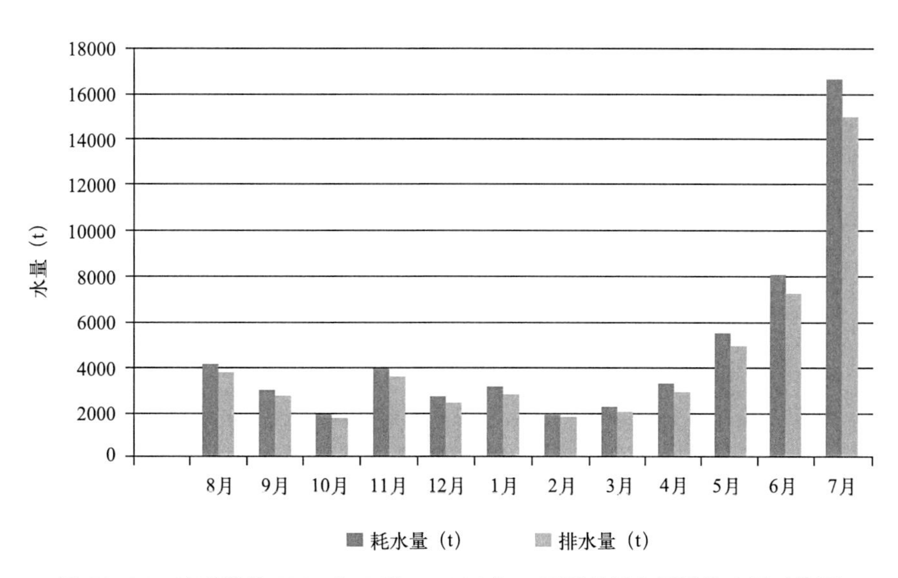

图 10-26　该建筑从 2010 年 8 月～ 2011 年 7 月逐月耗水量及排水量对比图

上图 10-26 为 2010 年 8 月～2011 年 7 月逐月耗水量对比图。由图明显可以看出，除供冷季（4 月下旬～9 月下旬）外办公区全年用水量相对比较平均,7 月份为全年耗水峰值，耗水量达 16655t，10 月份为耗水谷值，耗水量为 1989t，峰谷差为 14666t。谷值到峰值的耗水量相差很大，波动比较大，且没有明显的递增或递减趋势，分布相对较均匀。调研时间段内全年各月耗水量平均值为 4747t。图中建筑耗水量和排水量之间存在正比关系，而排水量相对耗水量较小是因为建筑内设有中水系统，对该建筑排放的污水以及收集的雨水，通过中水系统处理之后，回用于建筑景观植物的灌溉等处，从而节约了建筑用水，减少了排水量。

（4）各类能耗指标

将电、天然气折合成标准电值，计算出 2010 年 8 月～2011 年 7 月年耗电量 2544400kWh，年耗气量 32794m^3，标准电值 2778254kWh，单位面积能耗指标 22.96 kWh /（$m^2 \cdot a$）。全年各类能耗占总能耗的百分比如图 10-27 所示。2010 年 8 月到 2011 年 7 月年耗水量 56959t，单位面积水耗指标 0.47 t/（$m^2 \cdot a$）。

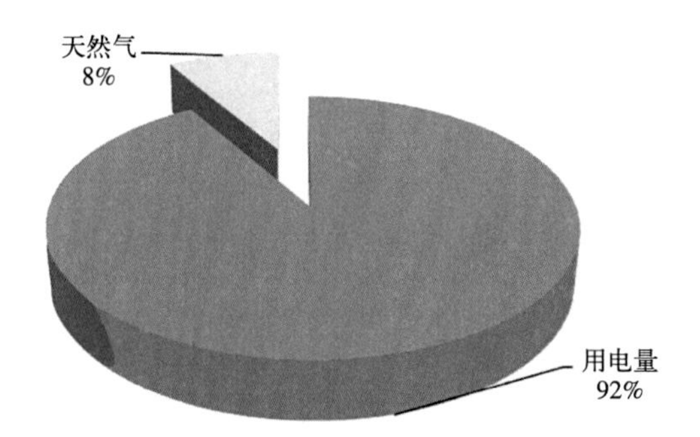

图 10-27 建筑各类能源耗量占总能耗的百分比图

10.4.2 建筑分项能耗分析

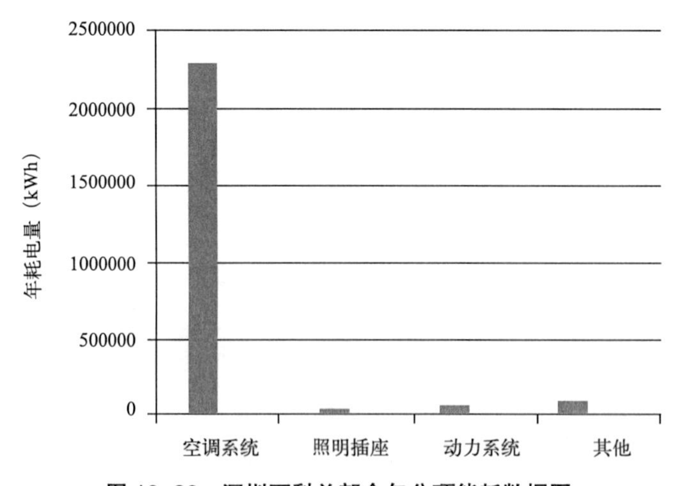

图 10-28 深圳万科总部全年分项能耗数据图

图 10-28 显示了该建筑逐月分项能耗累计结果的全年变化情况，从总体上看，该建筑总能耗的峰值出现在供冷季，空调能耗占建筑总能耗的比重最大，供冷季（5 ~ 11 月）空调系统满负荷运行，故 6 ~ 10 月空调系统能耗的波动不大。在各类分项能耗中，除空调能耗和炊事能耗受季节变化波动较大外，其他各类设备能耗受气候条件影响较小，几乎全年恒定，空调、办公设备、照明、风机用能基本只受到设备功率和开启时间的影响。

2010 年 8 月 ~ 2011 年 7 月建筑各分项电耗占总电耗的百分比如图 10-29 所示，由上面计算可知该建筑实际全年耗电总量为 2544400kWh。其中空调系统耗电占总电耗的 91%，居于首位，其次是其他设备用电，占 4%，风机水泵等动力设备用电占总电耗的 3%，照明电耗最少，仅占 2% 左右。

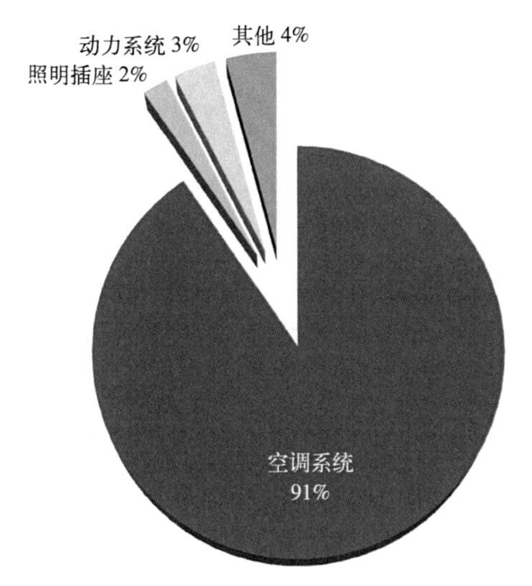

图 10-29　2010 年 8 月 ~ 2011 年 7 月建筑分项能耗百分比图

10.5　室内环境

2011 年 11 月 22 日天津大学建筑节能中心成员对该建筑内不同功能的房间进行温度、相对湿度和室内照度测试。测试房间包括会议室、培训教室、大办公区、休息室等。测试结果表明，上午 / 下午建筑内温湿度平均水平分别为 25.43/26.91℃，52.11%/48.56%，均处于《室内空气品质标准》GB/T 18883-2002 中规定的空调室内温度范围 22 ~ 28℃和相对湿度范围 40% ~ 80% 之内。上午 / 下午建筑内照度平均值分别为 508.13/167.75lx，符合《建筑照明设计标准》GB 50034-2004 中所规定的办公区照度标准值要求。

11　深圳市某办公楼（二）

【建设单位】深圳市某研究院
【竣工时间】2009 年 3 月

11.1　建筑概况

该建筑是一栋运行三星级示范性绿色综合办公建筑，于 2009 年 3 月竣工交付使用，总占地面积 3000 m^2，总建筑面积 18170m^2，空调面积 9300m^2，无采暖，建筑内工作人员共计 430 人。建筑每天运行时间为 8:30 ~ 18:30，全部用于自用，使用率达 100%。

建筑为南北朝向，建筑高度为 57.9m，地上 12 层，地下 2 层，标准层层高 4.9m。建筑主要功能包括：实验室、信息中心、控制室、多功能展厅、报告厅，办公室、会议室、多功能培训室、网络中心机房、档案室、阅览室；此外，建筑六层作为夹层，设有空中花园，十二层还设有员工餐厅、健身房和专家公寓等。

11.2 建筑节能技术

11.2.1 建筑围护结构节能技术

建筑结构（图 11-1）形式采用钢筋混凝土框架结构，外墙材料采用蒸压加气混凝土砌块，外窗采用中空双层玻璃窗，窗框材料采用断桥铝合金窗框，玻璃类型为低辐射镀膜（Low-E）玻璃和普通透明玻璃，遮阳形式为活动内、外遮阳，外保温采用植物聚氨酯发泡材料，属于可再生的、环境友好的隔热保温材料，导热系数小于 0.023W/($m^2 \cdot K$)，该材料由农业废弃物加工而成，原材料可再生，降低了传统聚氨酯材料对石油的依赖。建筑物外立面玻璃采用低反射率的 Low-E 中空玻璃，且均设置外遮阳，白天不会对周边环境产生光反射。

图 11–1　围护结构近景图

11.2.2 建筑空调系统节能技术

根据该建筑不同功能区域的负荷特点，细化空调分区，分别进行空调系统的设计：地下一层实验室采用水源热泵与室外水景冷却结合；主要办公区域采用水环空调、冷却塔与风机盘管结合；九层和十一层采用 VRV 与新风系统结合；十层采用高温冷水机组、辐射顶板和溶液新风除湿结合；展厅和餐厅等采用水环式全空气系统。

顶层办公区采用热回收溶液除湿新风系统，其他各楼层均采用全热回收新风系统。通过新风与排风的热交换，回收部分冷量，新风热回收机组焓交换效率大于 60%，全年可回收冷量为 97.9MJ/m^2；全空气系统的新风入口及其通路按全新风配置，通过调节系统的新、回风阀开启度，可实现过渡季节按全新风运行，空调季节按最小新风比运行。全空气系统的新风入口及其通路按全新风配置，通过调节系统的新、回风阀开启度，可实现过渡季节按全新风运行，空调季节按最小新风比运行。此外，建筑内还设有室外温、湿度传感器，可以按室外温度或焓值控制新风阀开度，新风比的调节范围在 15% ～ 100% 。空调末端采用地板送风提高供回水温度，利用冷辐射吊顶和毛细管网技术调节温湿度，使室内实现温湿度独立控制。

11.2.3 高效照明系统节能技术

（1）楼梯间采用受红外感应开关控制的自熄式吸顶灯（节能灯光源）；大厅、走道主要以节能筒灯为主；办公区域光源选用 T5 灯管，替代传统的 T8 灯管。办公区域照明采用人工照明结合室外自然光分区照明控制，随着室外光线强弱变化，开闭室内的一组或数组灯具，满足房间照度要求，见图 11-2 所示。

图 11-2　节能灯的照片

（2）光环境系统优化设计，大楼“吕”字形平面布局有利于扩大采光面积（图 11-3）。90% 功能区采光系数满足标准要求。外窗内外采用反光板，增加采光进深，提高采光均匀度 30%以上，见图 11-4。部分外窗采用带活动百叶的中空玻璃窗，调节活动百叶，均匀室内照度分布（图 11-5）。部分房间利用玻璃隔断达到加强室内自然采光的效果（图 11-6）。

图 11-3　宽敞明亮的办公空间

图 11-4　室内遮阳反光板

图 11-5　中空活动百叶关闭状态

图 11-6　室内玻璃隔断

（3）地下一层利用高出室外地面 1.5m，周边设置下沉庭院，玻璃采光顶设置加强了采光效果（图 11-7）。地下二层主要采用在一层玻璃采光顶下利用采光井等加强自然采光，车库车道利用光导管达到采光效果（图 11-8）。报告厅和办公区域约 90% 的面积采光系数超过 2%，报告厅采用双侧面采光加顶部采光，以防止太阳直射办公室，并结合反光板以增加室内照度的均匀性，此外还采用内外遮阳进行调节。

图 11-7　下沉庭院玻璃顶自然采光

图 11-8　地下车库坡道光导管采光

11.2.4　可再生能源节能技术

太阳能光电系统：屋顶花架安装单晶硅光伏电池板；大楼西、南立面采用光伏幕墙系统；还有与光伏遮阳棚结合的多晶硅光伏组件（图 11-9）。全年光伏系统（2009 年 11 月～ 2010 年 10 月）发电量约 65750kWh，约占建筑总用电量的 6%。

太阳能热水系统：太阳能集热器设置于建筑屋顶（图 11-10），利用太阳能为建筑提供所需的生活热水，具体用水系统包括：各层卫生间淋浴采用半集中式系统，食堂、公寓采用集中式热水系统，部分公寓采用分体式系统。

图 11–9　太阳能光伏发电系统

图 11–10　太阳能热水系统

11.2.5　高效节水系统

该建筑采用了多种节水措施，包括：

（1）统筹及利用各种水资源，采用雨水收集、中水处理回用等措施。室内生活给水采用变频恒压给水设备加压供给。

（2）雨水收集系统与种植屋面相结合，不设常规雨水利用的弃流装置，利用屋面花池过滤雨水，提高雨水回收率。另外还设计了高渗透性地面，以减少地表径流，蓄积地下水。

（3）各层外挑花池绿化采用滴灌灌溉方式。屋顶花园、室外绿化带、六层架空花园采用微喷灌灌溉方式。

图 11–11　人工湿地

（4）大楼设中水设施。生活污水经污水管收集并经化粪池处理后进入人工湿地（图 11-11）前处理装置，经人工湿地生态处理达中水水质标准。经中水回用给水变频设备加压回用于卫生间冲洗及各楼层室外平台和屋顶花园绿化浇洒等。在不同用途设置水表计量中水的量，具体的中水处理流程见图 11-12 所示。

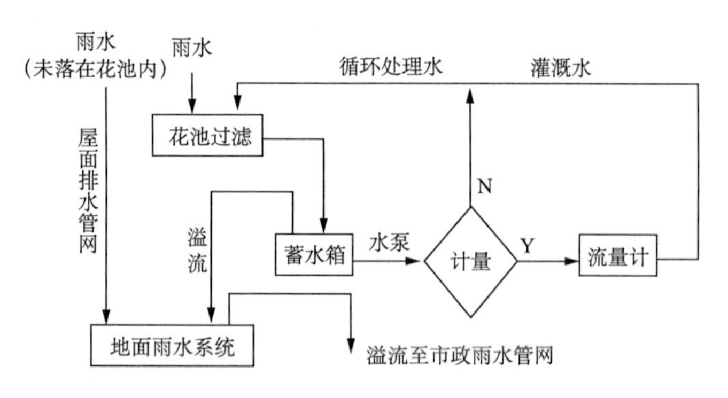

图 11–12　雨水收集系统与种植屋面相结合的流程图

11.3 建筑能源管理

11.3.1 管理机构

该建筑的能源利用由物业公司统一管理。能源管理机构梯级分布情况主要分为三级：物业经理、部门主管及工作人员。能源管理机构横向分组共分为综合服务管理中心、餐饮服务中心、卫生绿化中心、水暖服务中心、电力服务中心、太阳能服务中心等六个部门。

该建筑制订了一套完善、明确的用能管理制度，尤其是对物业公司管辖下的综合服务管理中心、餐饮服务中心、卫生绿化中心、水暖服务中心、电力服务中心、太阳能服务中心等部门的职责做出了非常明确的规定。

11.3.2 管理现状

在能源管理制度的实施方面，具有完整的供冷系统、给水系统和供电系统的管理交接班制度和记录。

建筑内还设有完善准确的计量器具配置，具备完善的故障和维护情况及建筑内分项能耗记录，能为生产和生活的各个环节提供可靠的数据。系统分软件、硬件两部分，硬件主要为各种能耗基表如水表、电表、热能表等，抄收部分如抄表模块、集中器等，数据接收处理部分，如管理电脑、数据库服务器等。系统分别对各种用能系统用能量进行计量、加工、存储。软件部分，由集成商提供抄收统计软件。建筑供冷时间和空调运行时间可控，可以根据室外气象条件控制冷机开启情况和新风机组运行时间。

该建筑严格贯彻执行了自身制定的各种能源管理制度，且在节能宣传上取得了良好的效果，广泛张贴节水节电方面的标识，如图 11-13、图 11-14 所示。

同时，地下室设置有一氧化碳传感器，监测一氧化碳浓度。各楼层设置温湿度传感器，监测室内空气质量状况。各楼层集中新风系统的回风管上设置 CO_2 浓度传感器，实现新风量自动控制、自然通风状态与空调状态自动转换控制系统，见图 11-15。

图 11-16 显示了建筑能耗监测系统的实时监控情况。在计量方面，每个配电回路在低压配电室均设置有计量电表。冷冻水泵、电梯、厨房用电、中央监控室、办公设备、照明灯具、新风机和全空气处理机组均设置独立的配电回路，并设有计量电表。每台制冷主机及冷却塔管道上均设置有流量计及温度传感器检测其冷量。

图 11-13　节约用水标识

图 11-14　节约用电标识

图 11–15　温湿度、CO_2 传感器

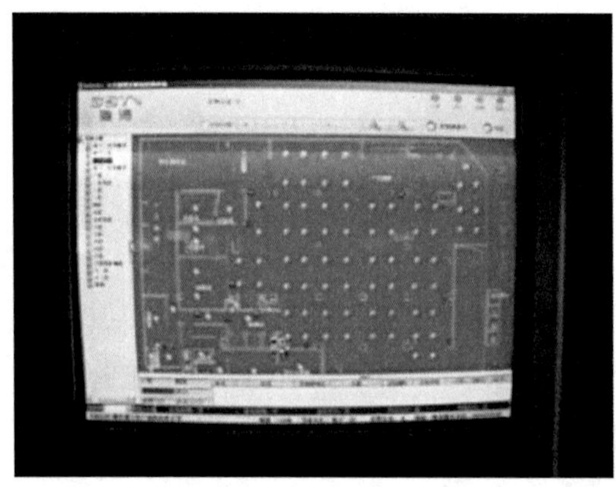
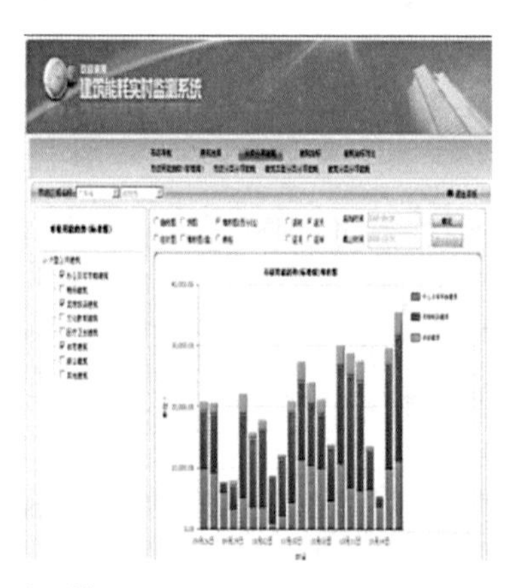

图 11–16　能耗实时监测系统

11.4　建筑能耗分析

该建筑的主要用能能源种类为电能和太阳能。用电系统包括空调系统、照明系统、建筑用电系统、动力系统、供水系统以及其他用能系统。太阳能系统大部分用于光伏发电补充市政供电，少量用于加热生活热水供给卫生间、洗浴、厨房和专家公寓。

11.4.1 建筑总能耗分析

（1）常规电量

该建筑从 2009 年 11 月～ 2010 年 10 月逐月耗电量的统计数据显示建筑累计全年耗常规电量为 1025863.05kWh。下图 11-17 为 2009 年 11 月～ 2010 年 10 月逐月耗电量对比图。由图看出，8 月份为全年耗电峰值，耗电量达 137951kWh，2 月份为耗电谷值，耗电量为 37811kWh，峰谷差为 100140kWh；且谷值到峰值的耗电量成逐月递增趋势，平均增长率为 11.85%。7、8、9 月份为空调季，大部分设备开始运行，空调用电量是导致建筑用电量上升的主要原因之一，致使该建筑的电耗相对周围的月份有较大的提升。冬春季的用电量比较平均，处在一个较低的标准，月平均用电量是夏季的月平均用电量的 43.43%。

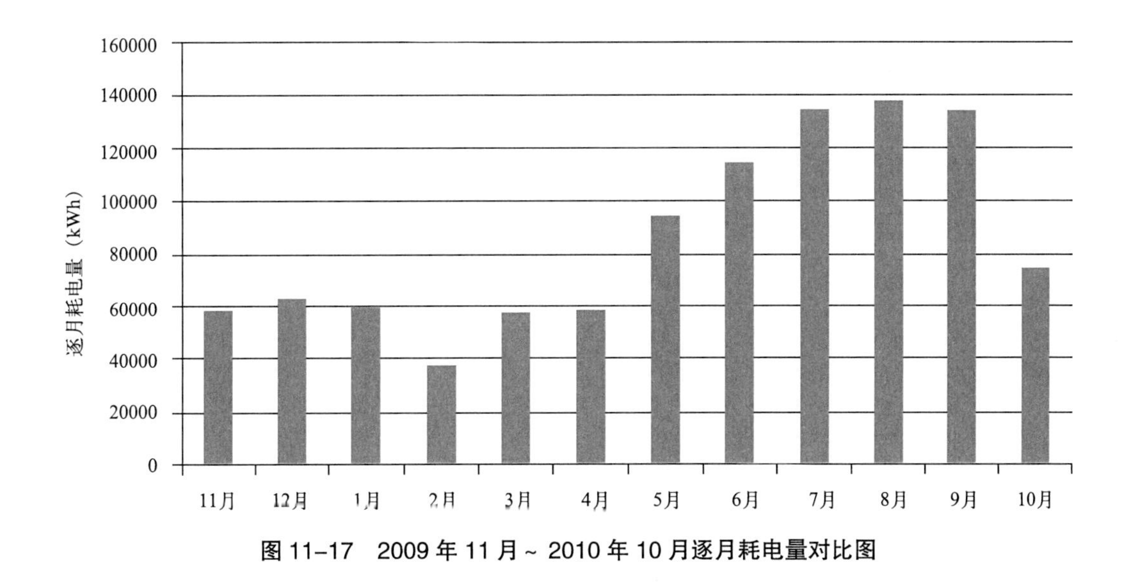

图 11-17　2009 年 11 月～ 2010 年 10 月逐月耗电量对比图

2009 年 11 月～ 2010 年 10 月逐月耗电量与室外月平均温度、逐月太阳辐射量的对比分析可拟合出图 11-18 和图 11-19。该建筑月耗电量与室外温度有明显的相关性，耗电量的峰值与室外温度的峰值相对应，同样耗电量的谷值与室外温度的谷值相对应，夏季的耗电量与室外温度有较高的一致性。这是由于该建筑处于夏热冬暖地区，夏季温度高，湿度大，空调耗电量大，而春秋冬三季气候温和，能耗很小。

该地区建筑用电实行峰谷分时计费，该建筑为办公类建筑，其峰值电价为 1.02 元 / 度，谷值电价为 0.44 元 / 度，平值电价为 0.82 元 / 度。由于该建筑未采用冰蓄冷等移峰填谷的技术，未利用谷值电价，电费收取按照折算值收取，其电价以 1 元 / 度为收费标准，以 2009 年 11 月～ 2010 年 10 月一年时间内的建筑用电费用作为调研对象（图 11-20），以全年的电费账单作为统计依据，本建筑全年用电费用总量为 1025863 元。

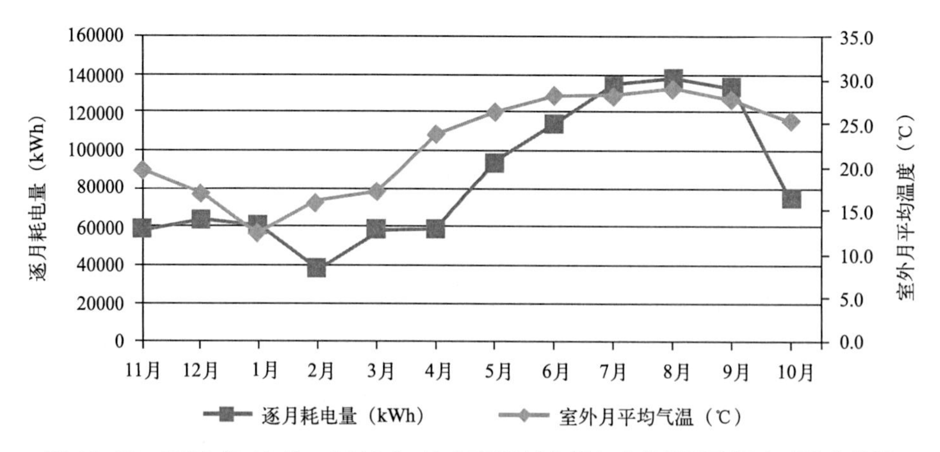

图 11-18　2009 年 11 月 ~ 2010 年 10 月逐月耗电量与室外月平均温度对比曲线图

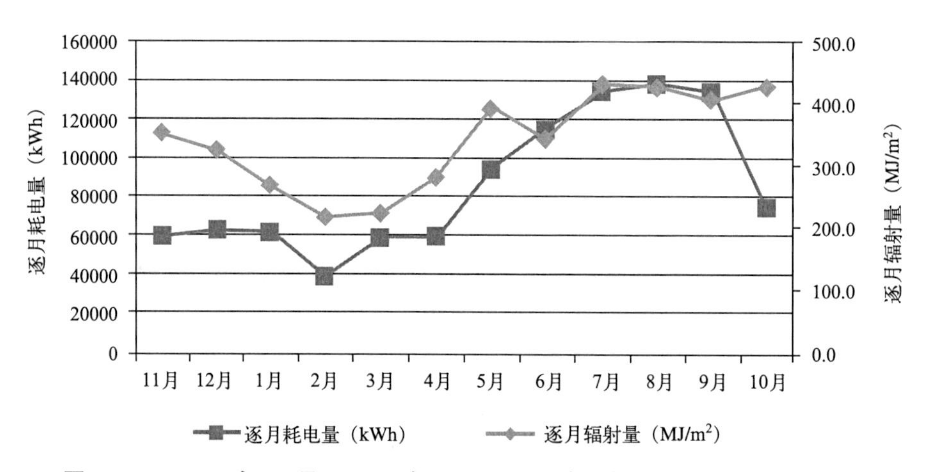

图 11-19　2009 年 11 月 ~ 2010 年 10 月逐月耗电量与逐月辐射量对比曲线图

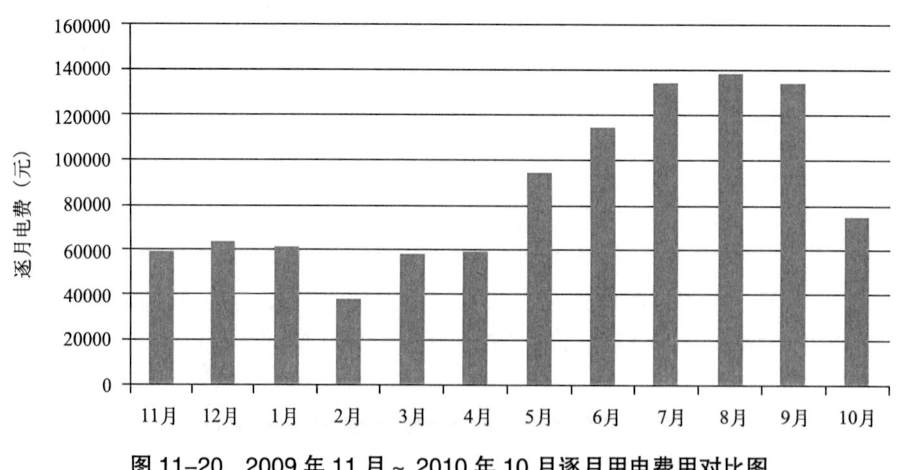

图 11-20　2009 年 11 月 ~ 2010 年 10 月逐月用电费用对比图

（2）光伏发电量

该建筑设有太阳能光电系统。从 2009 年 11 月～2010 年 10 月建筑累计全年光伏系统发电量约为 65750kWh，占建筑总用电量的 6%。图 11-21 为 2009 年 11 月～2010 年 10 月逐月发电量对比图。由图明显可以看出，8 月份为全年发电峰值，发电量达 7778kWh，4 月份为发电谷值，发电量为 4037kWh，峰谷差为 3741kWh；谷值到峰值的发电量成波动状态，没有明显的逐月变化趋势，夏季略高于秋冬春三个季节的发电量。

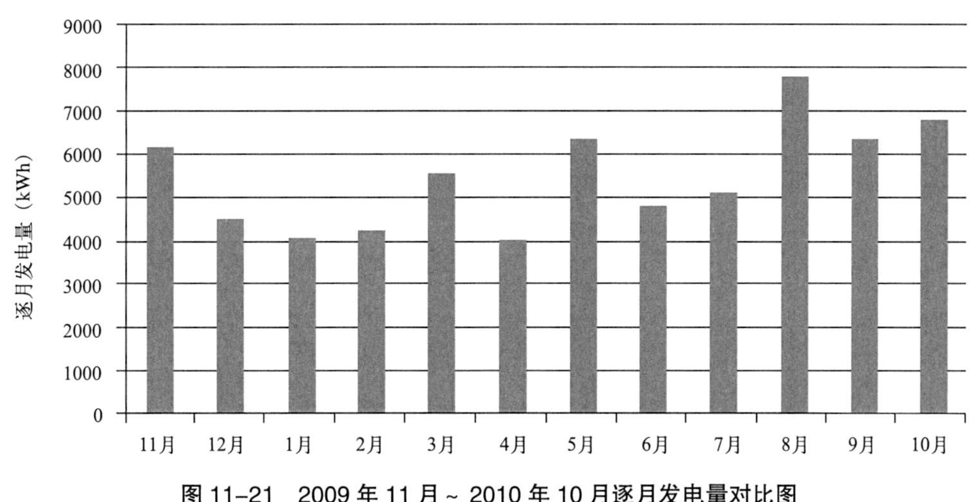

图 11-21　2009 年 11 月～2010 年 10 月逐月发电量对比图

（3）建筑内常规用电与光伏发电占总耗电量的比重情况

该建筑的用电来源于常规电能和光伏发电两部分，2009 年 11 月～2010 年 10 月累计总用电量为 1091613kWh，其中常规电量为 1025863.05kWh，占总耗电量的 93.98%，光伏发电量为 65750kWh，占总耗电量 6.02%。总能耗按不同类型能源消耗组成进行统计分析，如图 11-22 所示。

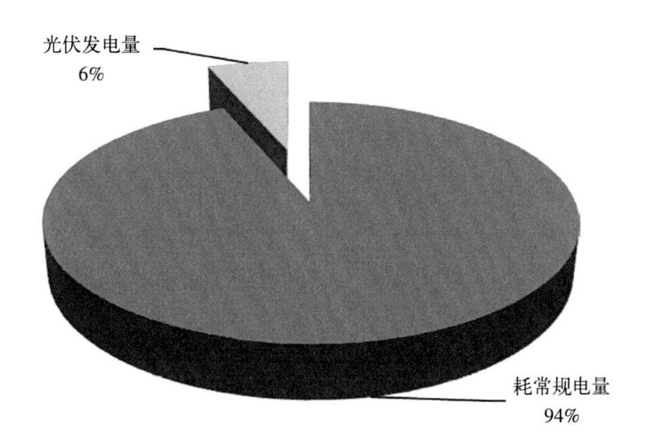

图 11-22　各类能源耗量占总能耗的百分比图

（4）水耗量

该建筑用水包括市政水网供水和建筑中水。对卫生清洁用水、绿化用水、雨水池补水等进行分项分析，该建筑累计全年耗水量为 9818m³，其中自来水用水量为 4707m³，中水用水量为 5111m³。非传统水源利用率约为 52.3%。由图 11-23 看出，全年用水量比较平均，3 月份为全年耗水峰值，耗水量达 1150m³，11 月份为耗水谷值，耗水量为 530 m³，峰谷差为 620 m³；且谷值到峰值的耗水量相差很多，波动比较大；建筑用水量高峰分别是 3、6、8、9 月，没有明显的一致性变化，而过渡季用水量相对平均。由以上分析可知，气象条件并非影响建筑耗水量的主要因素。

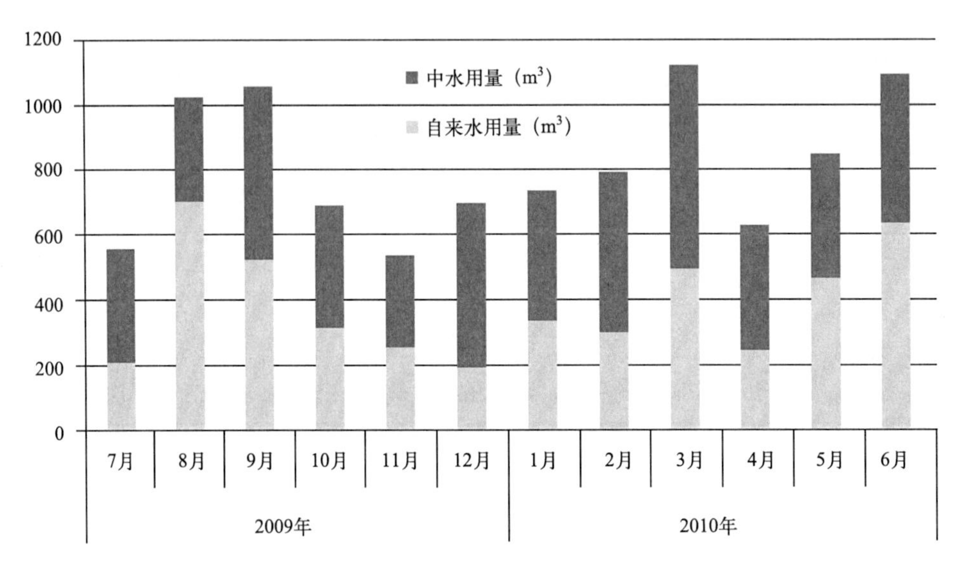

图 11-23　2009 年 7 月 ~ 2010 年 6 月逐月耗水量对比图

该建筑全年中水用水构成如图 11-24 所示，其中大部分中水用于卫生间冲厕，占中水总量的 65%，其次是绿化和雨水池补水，比例分别为 27%、8%。该地区水费以 2.93 元 / m³ 为自来水收费的标准，因此该建筑全年总水费为 13791.5 元，节约用水量 5111m³，节约费用约 1.5 万元。

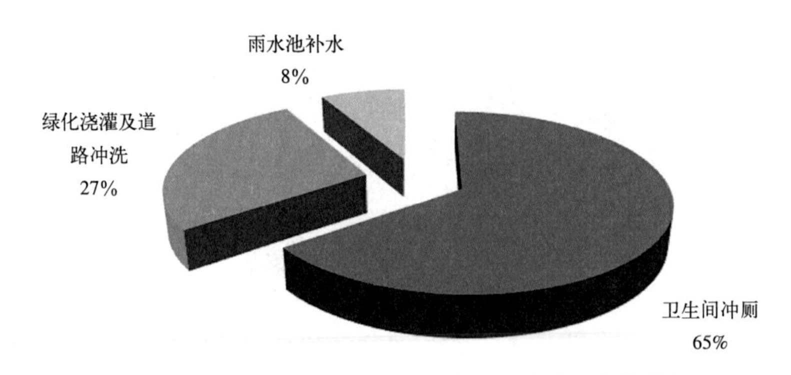

图 11-24　2009 年 7 月 ~ 2010 年 6 月中水用水构成图

11.4.2 建筑分项能耗分析

2009 年 11 月～2010 年 10 月期间，建筑各分项电耗及其占总耗电的百分比如图 11-25 所示，各分项能耗计算所得建筑年总耗电量为 1025863kWh。特殊区域能耗占总能耗的比重最大，约占 37.63%，主要由三部分组成，分别是信息中心、控制室和实验室；其次为空调能耗，约占 28.12%；再次是照明插座用能，约占 23.18%；比重最小的是动力设备能耗，约占 11.07%。

根据建筑内设备功能的不同，对建筑各分项能耗进行进一步详细拆分，结果如图 11-26 所示。由图可知，由于建筑特殊区域内有较多高功率设备，所以，特殊区域能耗占主导地位。分别表现为，实验室用能占总能耗的比例为 16.04%，信息机房用能占 14.47%，控制室用能占 6.44%，厨房设备用能占 1.34%。空调设备用能相比特殊区域用能较少，约占总能耗的 27.62%。

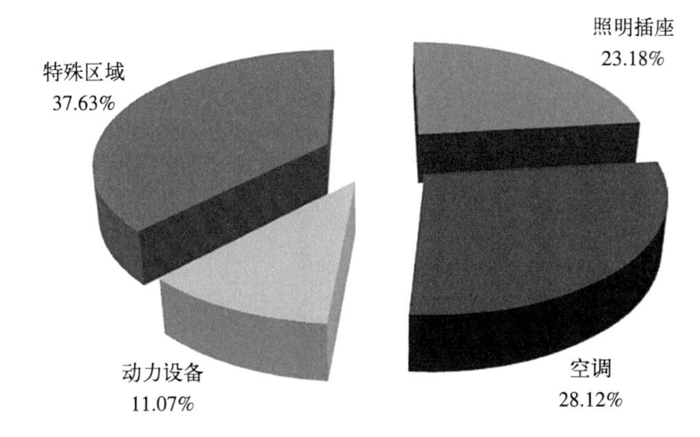

图 11-25　2009 年 11 月 ~2010 年 10 月建筑分项能耗百分比图

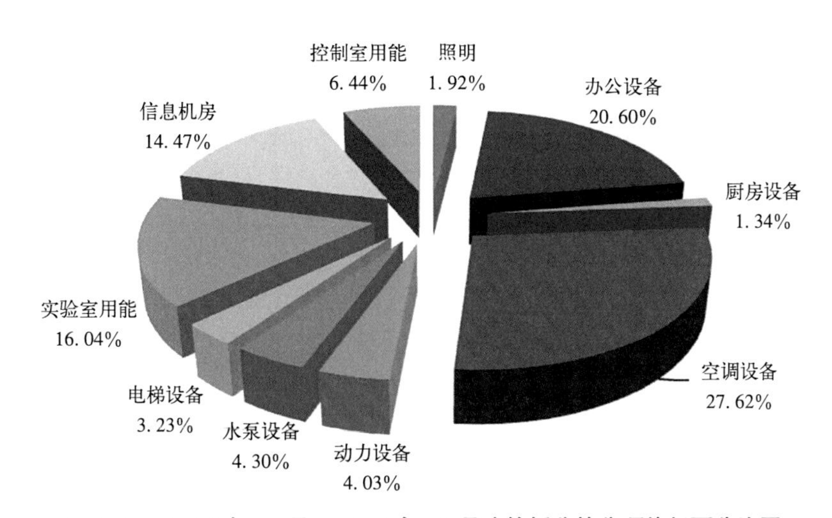

图 11-26　2009 年 11 月～ 2010 年 10 月建筑拆分的分项能耗百分比图

11.5　室内环境

2011 年 11 月 24 日天津大学建筑节能中心成员对该建筑内不同功能的房间进行温度、相对湿度、CO_2 的浓度和室内照度进行测试。测试范围包括各类会议室、办公室、活动室、专家公寓、休息区等区域；测试仪器包括温湿度自记仪、CO_2 浓度测试仪、照度仪，采集频率为 30min 一次。测试结果显示：上午 9:00 ～ 12:00 期间室内温湿度的平均值分别为 23.78℃和 47.51%，下午 14:00 ～ 17:00 期间室内温湿度的平均值分别为 23.95℃和 46.59%，均处于《室内空气品质标准》GB/T 18883-2002 中规定夏季空调室内温度范围的 22 ～ 28℃，相对湿度范围为 40% ～ 80% 之内。建筑内上午 / 下午不同区域的平均 CO_2 浓度分布为 600ppm/611ppm，符合《室内空气品质标准》GB/T 18883-2002 中规定室内 CO_2 的浓度不得超过 1000ppm 的要求。在建筑室内未开灯状态下上午 / 下午建筑内不同功能区的平均照度水平分别为 322lx/303lx，基本符合《建筑照明设计标准》GB 50034-2004 中表 5.2.2 所规定的办公建筑照度标准值要求，建筑内自然采光率达到 90% 以上，在满足照度要求的同时降低了建筑照明的能耗。

第 2 篇

中美高能效建筑案例对比分析

12　沈阳建筑大学校部办公楼与宾夕法尼亚州环保部办公楼

12.1　案例介绍

宾夕法尼亚州环保部办公楼（图 12-1）地处美国坎布里亚，是集接待、会议、办公为一体的高级建筑，其建筑面积为 36000 平方英尺 (3340m^2)。建筑使用总人数为 125 人，每周每人使用 50 小时。

图 12-1　宾夕法尼亚州环保部办公楼外观图

宾夕法尼亚州环保部办公楼是获得美国绿色建筑委员会 LEED 的金牌认证，单位面积能耗指标处于美国平均绿色建筑水平内。该建筑是针对大陆性气候特色而作为案例进行对比分析的，是设计建造较新，宾州第二栋绿色环保办公大楼，比该地区第一个绿色建筑有更多的绿色功能和更高的节能水平。

12.1.1　结构

宾夕法尼亚州环保部办公楼采用 EPS 结构混凝土外墙，Low-E 镀膜玻璃，铝包钢窗。屋顶采用高密度纤维板，室内反射表面层为 100mm 的硬质聚异氰酸酯保温材料。应用反相挡板遮阳设备（图 12-2），这种设备在冬季允许阳光进入室内，同时在夏季遮挡外部阳光。

图 12-2 建筑外遮阳

12.1.2 自然采光

办公区域采用 32W 的 T8 荧光灯和照明功率密度为 $0.75W/ft^2$（$8.1W/m^2$）的 LPD 照明设备。倾斜屋顶充分利用北向阴面二楼天窗的自然采光，同时提供了一个表面垂直安装的太阳能电池板。一楼南向的光架把日光引进更深的办公空间。二楼开放性的办公空间使日光大量进入室内。室内自然采光如图 12-3 所示。

图 12-3 室内照明和自然采光

12.1.3　光伏系统

该建筑主体是一个安装在屋顶上具有17.2kW光伏系统的主要配电屏，并配有直接绑定到大楼的15kW三相逆变器。在建筑的主要入口处附近，安装一个额外的1kW光伏系统并配有两个独立的轴向跟踪装置（图12-4）。

以上两种系统都使用43W、非晶体硅太阳能电池板发电（图12-5）。

图12–4　带有跟踪器的光伏发电板

图12–5　南坡屋顶上的太阳能光伏面板

12.2　可比性分析

12.2.1　建筑概况对比

沈阳和坎布里亚都处于温带大陆性气候区。所选两栋建筑都是办公建筑，表12-1给出了两栋建筑的基本信息。

中美两栋建筑案例基本信息对比表　　表12-1

建筑名称	沈阳建筑大学校部办公楼	宾夕法尼亚州环保部办公楼
建筑评级	没有认证的严寒地区建筑	通过LEED金牌认证的绿建
建造时间	2003年3月	2000年10月
建筑性质	办公楼	办公楼
主要用途	办公，会议	办公，会议
建筑层数	5（地下一层）	2（无地下层）
建筑面积（m^2）	10997.38	3340
使用人数（人）	200	125
人均建筑面积（m^2）	55	27
建筑结构形式	钢筋混凝土框架结构	混凝土钢框架结构
外墙材料	370mm厚空心砖	EPS结构混凝土外墙

续表

建筑名称	沈阳建筑大学校部办公楼	宾夕法尼亚州环保部办公楼
外窗类型	中空双层玻璃窗	三层Low-E玻璃窗
外围护结构保温情况	植物聚氨酯发泡材料	硬质聚异氰酸酯保温材料
每天使用时间（h/d）	9	10
全年使用时间（h/a）	1980	2400
室内供冷温度设定(℃)	26~ 28	22~ 26
室内采暖温度设定(℃)	18~ 20	19~ 21
热度日（HDD）(℃ · d)	4062（基准18℃）	3128（基准18℃）
冷度日（CDD）(℃ · d)	486（基准18℃）	296（基准18℃）
供冷期	6月 1日～9月30日	5月 1日～10月31日
采暖期	11月 1日～3月31日	11月 1日～4月30日
空调系统形式（办公区）	地源热泵，顶部送风末端，新风加风机盘管	地源热泵，地板送风末端，全热回收式新风处理系统
采暖热源	地源热泵，顶部送风末端，新风加风机盘管	地源热泵，地板送风末端，全热回收式新风处理系统

从表 12-1 中可以看出，这两栋建筑用途相近，结构形式、采暖空调系统形式大致相同，两栋建筑的建筑面积和人均面积相比呈现相近的倍数关系。因此，两栋建筑案例具有很好的可比性，两者的比较对于研究中美相同气候区办公建筑能耗水平差异具有较大的意义。

12.2.2 气候对比

沈阳市和坎布里亚都属于温带大陆性气候，冬季漫长寒冷，夏季温和，春秋季短，日照充足，雨量丰沛。两地基本气候参数的对比见图 12-6、图 12-7。

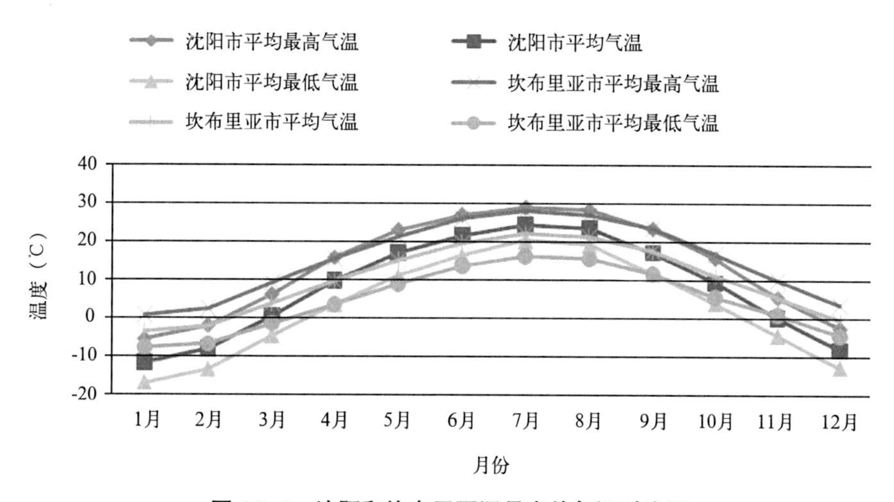

图 12-6 沈阳和坎布里亚逐月室外气温对比图

从图 12-6 中可以看出两城市室外逐月温度的变化趋势近似，最冷月都出现在 1 月，最热月都出现在 7 月，供冷季开始的时间以及供冷的时间范围都很接近。

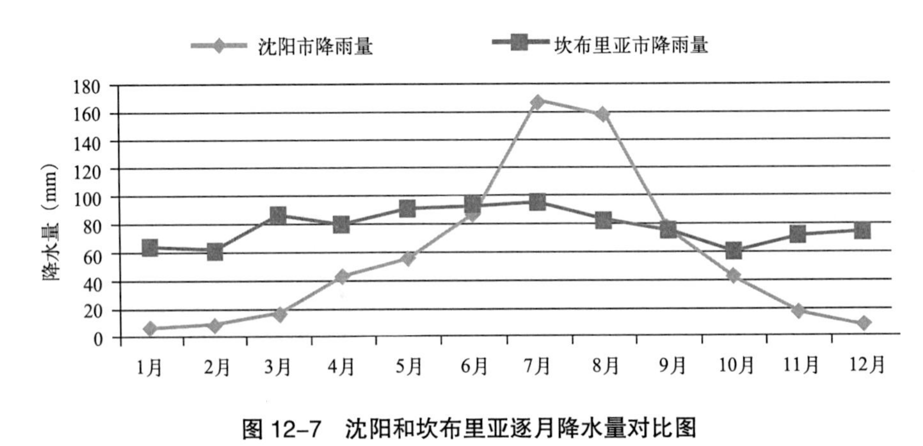

图 12-7　沈阳和坎布里亚逐月降水量对比图

从图 12-7 可以看出沈阳市降水量是随季节呈现高低变化的，坎布里亚降水量全年趋于平缓，两城市年均降水量比较相近，均为雨水收集提供了有利条件。

12.3　节能技术对比分析

表 12-2 给出了这两栋建筑采用的主要节能技术。

两栋建筑节能技术对比　　表12-2

建筑名称	沈阳建筑大学校部办公楼（A）	宾州宾夕法尼亚州环保部办公楼（B）
建筑围护结构节能	1. 中空双层玻璃窗 2. 自然采光 3. 自然通风 4. 墙体屋面保温 5. 遮阳系统	1. 三层Low-E玻璃 2. 自然采光 3. 自然通风 4. 墙体屋面保温 5. 遮阳系统
HVAC系统节能	1. 地源热泵 2. 顶部送风末端 3. 风机盘管加新风	1. 地源热泵 2. 地板送风末端 3. 新风热回收系统 4. 多级水泵
可再生能源	地源热泵	太阳能光伏发电
运行管理	手动控制运行模式	自动控制运行模式
节水措施	雨水收集	1. 雨水收集 2. 无水小便器

A、B 两栋建筑都采用的节能技术有：墙体和屋面保温、高性能的玻璃、遮阳系统和地源热泵系统。其区别在于 B 建筑的送风末端采用地板送风，在增强舒适度的同时有效

地降低了采暖空调能耗，而 A 建筑采用的送风形式是顶部送风，为满足相当条件下的舒适程度需要适当调整采暖空调能耗的用量。在运行管理方面，两栋建筑都拥有能耗分项监测平台，控制运行模式上有所不同，建筑 A 采用手动方式，建筑 B 采用自动方式。建筑 B 采用的光伏发电是建筑 A 所没有的，在建筑 B 中光伏发电可以提供建筑 4% 的电能，具有一定的节能优势，因此建筑 A 可以根据当地实际情况提出借鉴方案。

12.4　建筑能耗对比分析

沈阳市办公建筑 A 全年总能耗为 1635406 kWh/a，单位面积能耗为 148.7 kWh/(m^2 · a)；宾夕法尼亚州环保部办公楼 B 全年总能耗为 410380 kWh/a，单位面积能耗为 122.9 kWh/(m^2 · a)。A 的单位面积总能耗比 B 高出 20%。通过对总能耗的拆分，获得两栋建筑的单位面积分项能耗如图 12-8 所示。

从分项能耗对比图 12-8 中可以看出，采暖能耗分项中建筑 A 的单位面积能耗是建筑 B 的 2 倍多；空调能耗分项中建筑 A 的单位面积能耗高出建筑 B 的 50%，这是空调期长短的问题导致的；建筑 A 的采暖空调两个分项能耗之和约为建筑 B 的 2 倍，分别为 120kWh/m^2（建筑 A）和 62.2kWh/m^2（建筑 B）；照明能耗和办公设备能耗分项中建筑 B 的单位面积能耗均为建筑 A 的两倍，这是由于两栋建筑在这部分能源使用上存在运行策略的差异所致的。

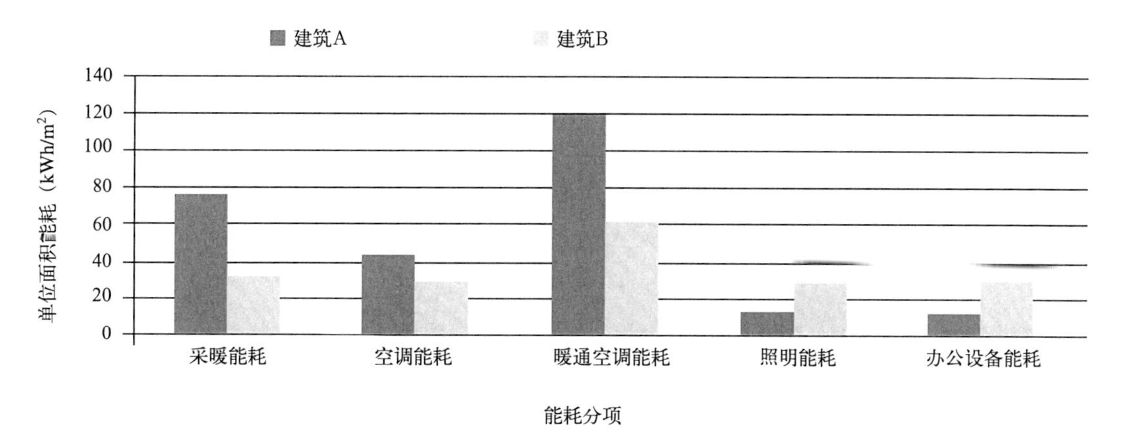

图 12-8　两栋建筑单位面积分项能耗对比图

13　天津市建筑设计院科技档案楼与西德威尔友谊中学办公楼

13.1　美方建筑案例介绍

西德威尔友谊中学办公楼地处美国华盛顿市，是一个集办公及教育为一体的综合性大楼，地上 3 层，总建筑面积 6710m^2，46% 的部分自 1950 年起开始节能改造，到 1971 年完成，54% 是新建建筑，建成于 2006 年 11 月，并获得 LEED 铂金认证，建筑外观如图 13-1 所示。

图 13–1　西德威尔友谊中学办公楼外观图

13.1.1　建筑围护结构

该建筑充分利用外遮阳以平衡热性能并达到最佳采光。北向通过窗户漫射光，因而不再需要外遮阳，南向外遮阳板水平放置，东西向则垂直放置，角度为北偏西 51°，该角度是为了获得最小的得热量和最大的午后渗透日光。在木质遮阳板后面是一层防雨板，目的是开窗同时防止雨水进入室内。屋顶、外墙和窗户的热阻值低于 ASHREA 规定的最低标准的 200%，而且绿色屋顶加强了屋顶的隔热值，且为屋顶提供了遮阳，参见图 13-2。

图 13–2 建筑外部木包及遮阳

13.1.2 照明系统和自然采光

在照明和采光方面，该建筑在设计时，尽量用自然采光来代替人工照明，人工照明则主要采用荧光灯，并且在教室、走廊和办公室里设置了光电感应器、传感器，利用自控装置使荧光灯的亮度随室外照明条件而调节或关闭，确保房间无人时关闭灯具，从而使照明能耗最小化。

图 13–3 自然采光效果图

图 13-3 所示是一个日照充足的图书馆，大窗设计使得室内有足够长的时间自然采光，且装有自控设施来控制室内灯具的照度。

13.1.3 自然通风

在通风方面，该建筑配有高性能的太阳能通风烟囱、可操作的窗户与吊顶式风机配合使用（如图 13-4 所示），使机械制冷量最小化。太阳能烟囱与朝南玻璃提供被动通风，空气在顶部和南向被太阳加热，产生热对流使冷空气从北向窗户进入室内，改造过的部分建筑利用机械回风和排气扇作为辅助，将排风进行热回收并将室外空气引入室内。

图 13-4　太阳能烟囱、绿色屋顶展示

13.2　可比性分析

13.2.1　建筑概况对比

表 13-1 中列出了天津市建筑设计院科技档案楼（A）和西德威尔友谊中学办公楼（B）的基本信息的对比情况。

两栋建筑基本信息对比　　表13-1

建筑编号	天津市建筑设计院科技档案楼（A）	西德威尔友谊中学办公楼（B）
建造时间	2009年	2006年 9月
建筑性质	办公建筑	校园办公建筑
主要用途	办公、建筑设计、能耗监测	办公、教学
建筑评级	二星级绿色办公建筑	铂金级绿色办公建筑
建筑层数	6	3
建筑面积(m^2)	4585	6710
使用人数(人)	240	405
人均建筑面积(m^2/人)	19	17
建筑结构形式	钢筋混凝土框架结构	钢筋混凝土框架结构
外墙材料	灰砂砖、加气混凝土砌块	灰砂砖、加气混凝土砌块
外窗类型	双层Low-E玻璃	双层Low-E玻璃
外墙传热系数[W/($m^2 \cdot K$)]	0. 39	0. 22
屋面传热系数[W/($m^2 \cdot K$)]	0. 42	0. 16
外窗传热系数[W/($m^2 \cdot K$)]	2. 00	1. 5

续表

建筑编号	天津市建筑设计院科技档案楼（A）	西德威尔友谊中学办公楼（B）
每天运行时间(h/d)	9	9
全年运行时间(h/a)	2100	2100
室内供冷设计温度（℃）	26- 28	26- 28
室内采暖设计温度（℃）	18- 20	18- 20
HDD18（℃ · d）	708	696
CDD18（℃ · d）	2586	2337
供冷期	6月 1日～9月30日	6月 1日～9月30日
采暖期	11月 15日～3月15日	11月 15日～3月15日
冷热源形式	地源热泵	螺杆式冷机/区域供热锅炉房
末端形式	FCU地板送风　辐射毛细管	VAV变频风机

从表 13-1 中可以看出，中美两栋建筑案例均属于办公类建筑，规模、用途、结构形式、采暖空调系统形式大致相同。

13.2.2 气候对比

天津市和华盛顿市都具有温带大陆性气候特点。根据香港天文台提供的 1961~1990 年的实测气象数据，对两地主要温度参数的全年动态波动情况进行对比，如图 13-5 所示，平均降水量对比，如图 13-6 所示。

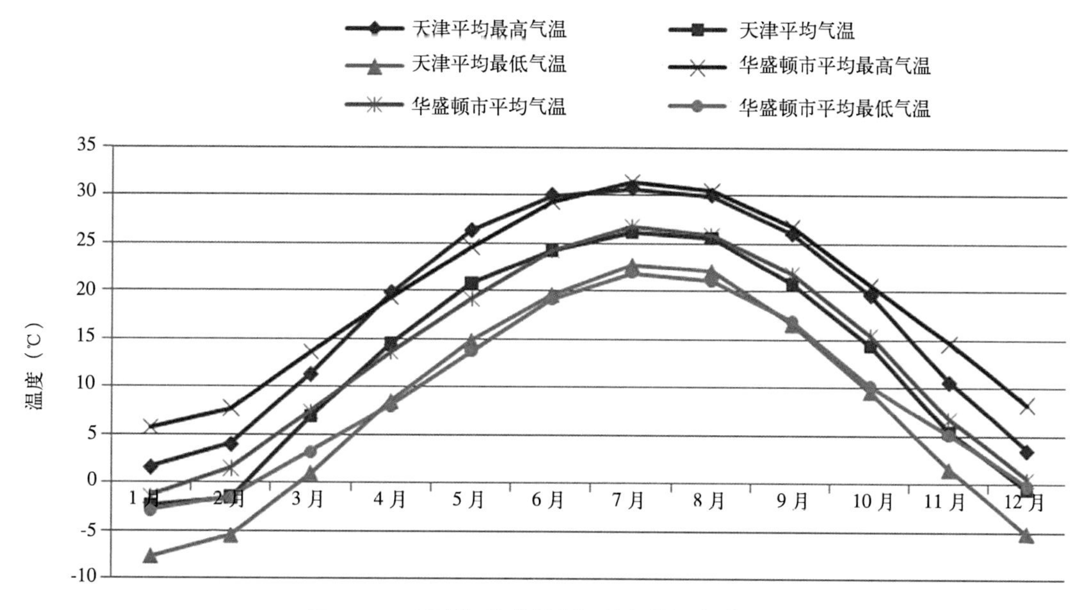

图 13–5　天津和华盛顿市逐月室外温度对比图

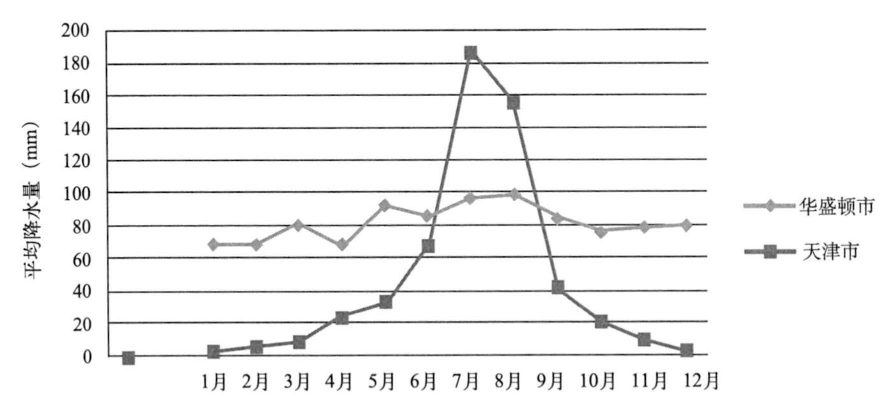

图 13-6　天津市和华盛顿市逐月平均降水量对比图

由图 13-5 可以看出，两地区室外逐月温度的变化趋势类似，最冷月都出现在 1 月，最热月都出现在 7 月，夏季室外月平均温度几乎相同，冬季天津室外月平均气温略低于华盛顿市，相差在 1℃之内。由图 13-6 可以看出，华盛顿市的月平均降水量在全年变化不大，最大为 30.5mm，明显小于天津市的 182mm，这是由其地理位置所决定的。但是在舒适性空调中，我们并不严格考虑湿度的要求，因此，即便是月平均降水量相差 182mm，对于舒适性空调系统也没有很大影响。

13.3　节能技术对比分析

天津市建筑设计院科技档案楼与西德威尔友谊中学办公楼采用的主要节能技术见表 13-2。

两栋建筑采用的主要节能技术对比　　　　表13-2

技术分类	天津市建筑设计院科技档案楼	西德威尔友谊中学办公楼
节能与能源利用	1. 外围护结构保温(外墙、屋面、玻璃平均传热系数2.0W/($m^2 \cdot K$)) 2. 固定外遮阳与电动智能外遮阳 3. 无眩光高效灯具，智能控制 4. 太阳能光伏发电系统 5. DHW采用太阳能热水供给 6. 温湿度独立控制空调系统 7. 地源热泵承担室内显热负荷 8. 热泵式溶液调湿新风机组(HVF)，新风全热回收	1. 屋顶保温（热阻35$m^2 \cdot K/W$） 2. 减少辐射得热(悬挂式遮阳) 3. 自然采光(南向大面积窗户) 4. 人工、感光器控制照明设备 5. 太阳能光伏发电(PV系统) 6. 非辐射得热的控制(手动启闭窗户、室内设吊扇) 7. 制冷系统(HVAC整体设计) 8. 区域供热的开发利用 9. 通风系统热回收 10. HVAC动力设备变频控制
室内环境质量	1. 自然采光 2. 无眩光高效灯具，智能化控制 3. 根据区域功能设置空调系统形式，同时保证节能和舒适 4. 干燥除湿环境，保证室内人员健康舒适 5. 溶液调湿空调，杀菌效果好 6. 新风地板送风，舒适度高	1. 视觉舒适性与建筑围护结构(自然采光) 2. 视觉舒适性与室内设计(白色，加强反光) 3. 视觉舒适性与光源形式(电子镇流器) 4. 使用低/无挥发性涂料

续表

技术分类	天津市建筑设计院科技档案楼	西德威尔友谊中学办公楼
运营管理	1. 制定资源节约与绿化管理制度 2. 垃圾分类回收处理 3. 空调通风系统定期检查和清洗 4. 资源管理激励机制 5. 水耗、电耗进行分项计量	1. 定期清理通风除尘设备 2. 降低室内污染物浓度 3. 制定IEQ设备运行管理制度

由表 13-2 可以看出，两栋建筑在围护结构、空调系统、照明设备和运行控制方面都采取了多项节能技术，两栋建筑的空调系统形式不同，天津市建筑设计院科技档案楼采用温湿度独立控制的空调系统，地源热泵为空调冷热源，由溶液调湿新风机组承担室内潜热负荷，末端形式有干式风机盘管和辐射毛细管。西德威尔友谊中学办公楼采用整体式空调系统，并以区域锅炉房热水作为采暖热源；在太阳能的利用方面，两栋建筑都设有光伏系统，但规模都不大，因此不需并网，所产生的电通过蓄电池蓄电，连续支持建筑内部设备用电；此外，建筑 A 中还设有太阳能热水系统为建筑提供生活热水。

13.4 建筑能耗对比分析

天津市建筑设计院科技档案楼（建筑 A）全年总能耗为 368267.2 kWh，单位面积能耗为 80.32 kWh/(m^2 · a)；西德威尔友谊中学办公楼（建筑 B）全年总能耗为 423736.5 kWh，单位面积能耗为 63.15kWh/(m^2 · a)，略小于办公建筑 A。通过对总能耗的拆分，获得两栋建筑的单位面积分项能耗，如图 13-7 所示。

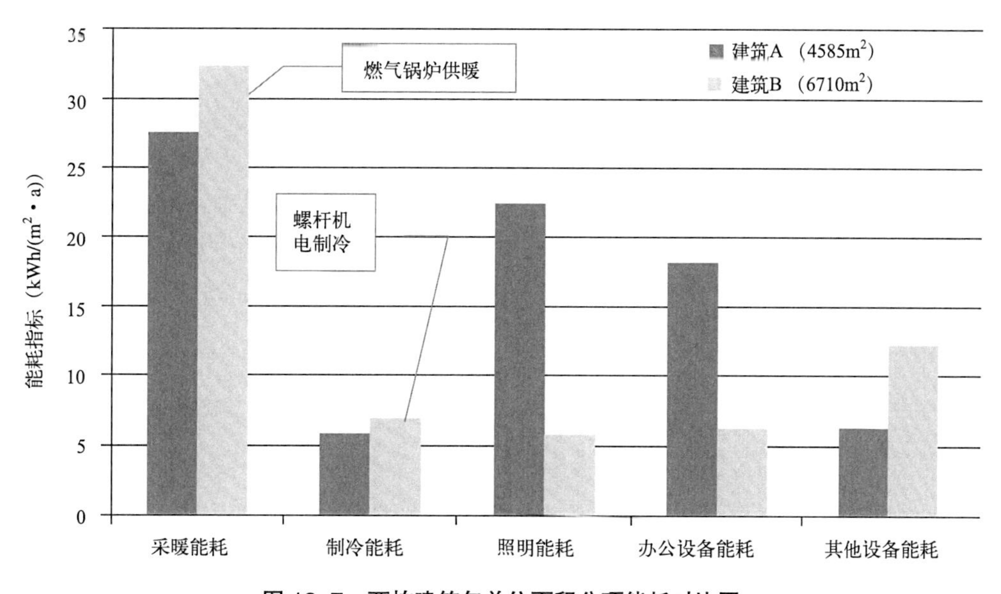

图 13-7 两栋建筑年单位面积分项能耗对比图

（1）空调系统能耗差异及原因分析

建筑 A 的空调系统全年总能耗指标为 33.3 kWh/($m^2 \cdot a$)，比建筑 B 低了 15.05%，其中无论是采暖能耗还是制冷能耗建筑 B 都要比建筑 A 高，造成能耗差异的原因主要包括三方面：气候条件差异，技术应用的差异和使用者行为的影响。

建筑 A 的冬季采暖能耗指标比建筑 B 低了 14.60%，天津市的采暖度日数比华盛顿市低，同等条件下冬季更为寒冷的华盛顿市的建筑采暖热负荷要高于天津市；建筑 A 中采用地源热泵作为空调系统冷热源，而建筑 B 中采用燃气锅炉来满足冬季采暖需求，两种系统的 *COP* 的不同也是导致建筑 B 采暖能耗水平较高的原因；在使用控制方面，两栋建筑室内采暖设定温度和设备运行时间差异不大，因此使用者行为因素不是造成两者采暖能耗差异的主要原因。

天津市的空调度日数比华盛顿市要高，且建筑 A 围护结构传热系数都高于建筑 B，同等条件下天津市的夏季更为炎热，冷负荷更大，然而建筑 A 的夏季供冷能耗指标却比建筑 B 还低 17.14%，而且两栋建筑的空调室内设定温度和运行时间也相差不大；从空调系统形式上看，建筑 B 采用结合变频风机末端的螺杆式电制冷系统的 *COP* 低于建筑 A 中温湿度独立控制的地源热泵系统的 *COP*，因此空调系统和设备 *COP* 的不同是造成两者空调能耗差异的主要原因。

（2）照明系统能耗差异及原因分析

建筑 A 的照明能耗指标比建筑 B 高了 3 倍。从建筑用途上看，建筑 A 为建筑设计类办公建筑，与用于教育的建筑 B 相比，对室内光环境的要求更高；同时，从建筑节能设计上看，建筑 B 中通过南向的大面积开窗使建筑可以充分地利用自然采光，而建筑 A 中在自然采光设计方面欠缺，以上两点导致建筑 A 中日间照明设备开启率和开启时间都高于建筑 B，从而导致照明能耗的大大增加。

（3）室内设备能耗差异及原因分析

建筑 A 的室内办公设备能耗高出建筑 B 两倍以上。这主要受建筑使用功能的影响：用于教育的校园办公建筑建筑 B 的室内办公设备类型单一，仅包括电脑、打印机、饮水机等常规的办公设备；而建筑 A 中除使用常规办公设备外，还设有复印机、专业效果图打印机等高功率密度的大型办公设备，因此建筑 A 的办公设备能耗更高。

综上所述，建筑 A 单位面积能耗高于建筑 B。其中，由于气候条件差异、技术应用的差异和使用者行为的差异造成了建筑 A 单位面积制冷和采暖能耗均低于建筑 B 的单位面积能耗；建筑 B 充分利用了自然采光，使得其照明能耗低于建筑 A；同时，高密度的大型办公设备会造成建筑 A 室内设备能耗比建筑 B 高。

14 宁波市建设委员会培训中心与飞利浦美林环境中心

14.1 美方建筑案例介绍

飞利浦美林环境中心地处美国马里兰州中部的安纳波利斯，是一个集办公、教育及培训为一体的综合性大楼，能够为80~90人提供办公服务，还包括一个小型的会议中心，总建筑面积约为2880m^2。图14-1、图14-2为飞利浦美林环境中心的全景图。

图14–1 飞利浦美林环境中心全景图（北面）

图14–2 飞利浦美林环境中心全景图（南面）

飞利浦美林环境中心自始至终都坚持可持续发展的设计理念，在建造过程中所用到的所有材料在建筑的使用周期中都是环保的，而且是可回收的。

14.1.1 建筑围护结构

表14-1总结了飞利浦美林环境中心所用的高性能的热工围护结构（图14-3）。屋顶和大部分墙面都是采用的发泡聚苯乙烯泡沫板(SIPs),窗户采用木质框架的Low-E双层玻璃。

建筑维护结构的热工性能 表14-1

围护结构构成	构造（由外到内）	热阻（m^2·K/W）
165mm外墙	13mm胶合板、140mmSIP泡沫板、13mm胶合板、13mm石膏防护板	4.9
216mm外墙和组合屋顶	13mm胶合板、191mmSIP泡沫板、13mm胶合板、13mm石膏防护板	6.7
内墙	13mm石膏防护板、绝缘金属框架、13mm石膏防护板	1.6

续表

围护结构构成	构造（由外到内）	热阻（$m^2 \cdot K/W$）
内地板	152mm吸声板、19mm木地板、6mm梅森奈特纤维地毯、6mm地板瓷砖	3.3
外地板	64mm高密度绝缘板、19mm木地板、6mm地板瓷砖	1.8
窗户	18mm双层冲氩隔热Low-E玻璃；遮阳系数=0.47	0.7

图 14–3　围护结构外观图

14.1.2　照明系统和自然采光

一层办公照明是由具有电子镇流器的 T-8 照明灯具提供的。在建筑的南侧面靠近窗户的一排灯具是由光电池来自动控制的。图 14-4 显示了当第一排灯具关闭时建筑内部的照明效果。

二层的照明灯具有 50% 是直接的，另 50% 是间接的。在建筑的南侧面靠近窗户的两排灯具是由光电池来自动控制的。图 14-5 显示的是二层的灯具效果。

图 14–4　一层建筑内部照明效果图

图 14–5　二层建筑内部照明效果图

室内和室外的照明设备都是由建筑的自控系统控制的并且有开关控制器。这些控制方法可同时存在。还有推动式的定时开关，当按钮被按下时，开关可以使灯具在一个特定的时间间隔内使用。太阳光为二层办公区、会议室和大厅域提供了大量的自然采光。

14.1.3 自然通风

图 14-6 显示了飞利浦美林环境中心自然通风的设计意图，利用可操作的窗户和围护结构的形状来最大限度地利用自海湾吹来的自然风。自然通风系统既然是一个混合模型系统，所以风扇通常被用来排风。一层排气扇的排气效率为 2.64m^3/s，二层排气扇排气效率为 1.32m^3/s。此通风系统显示了每小时的换气次数。自然通风是基于室内温度、室内湿度、室外温度传感器的数据而被控制的。在北侧的窗户上装有测量湿度的传感器，当下雨的时候，窗户就会自动关闭。

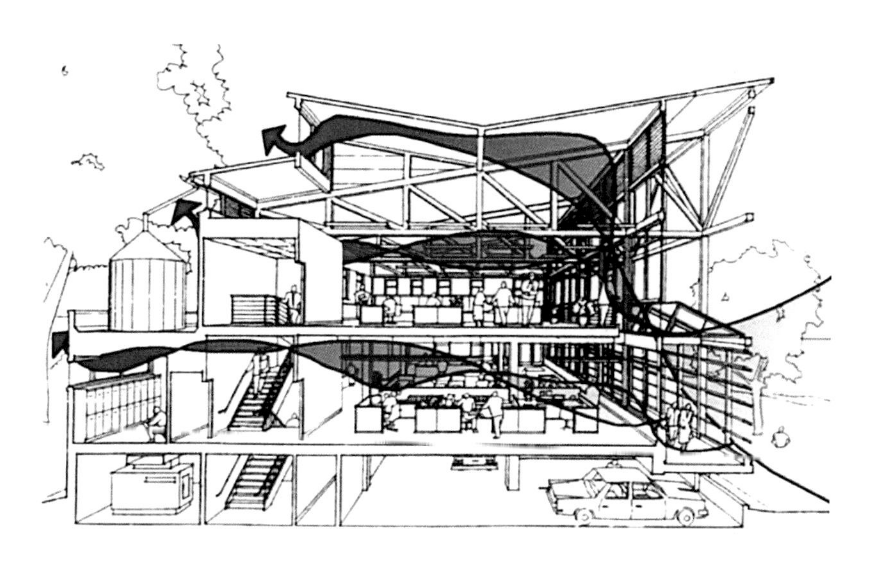

图 14-6 自然通风效果图

14.1.4 太阳能热水系统

飞利浦美林环境中心有两种热水供应方式，其一是太阳能热水系统（图 14-7），另外一个是丙烷锅炉供水系统。太阳能热水系统是由 4 组每组由 30 个疏散管组成的太阳能集热器组成的。这些集热器朝南且与水平面成 39° 角。在屋顶上有两个热水储存器，一个为饮用水，另一个为非饮用水。这两个储存器都有电源作为备用能源。由于整栋建筑的用水量很低，所以建筑所有的生活用水的需求都可以由太阳能集热器来满足，备用电源从未开启过。

图 14–7 屋顶的太阳能集热器

14.2 可比性分析

14.2.1 建筑概况对比

宁波市和安纳波利斯市同处夏热冬冷地区。所选两栋建筑都为办公建筑，人均建筑面积类似。两栋建筑的基本信息对比见表 14-2。

两栋建筑基本信息对比 表14-2

建筑名称	宁波市建设委员会培训中心（A）	飞利浦美林环境中心（B）
建筑评级	经过节能改造的建筑	通过LEED铂金牌认证的绿色建筑
建造时间	1992年投入使用，后经过节能改造	2000年12月
建筑性质	办公楼、住宿	办公楼、会议
主要用途	办公，住宿	办公，会议
建筑层数	4（无地下层）	2（无地下层）
建筑面积（m^2）	4760	2880
使用人数（人）	150~160人	80~90人
人均建筑面积（m^2）	30.7	33.88
建筑结构形式	内墙采用轻质砂加气混凝土砌块	屋顶和大部分墙面都采用SIPs板
外墙材料	新加外墙采用粉煤灰陶粒混凝土砌块	13mm胶合板、140mmSIP泡沫板、13mm胶合板、13mm石膏防护板
外窗类型	断桥铝合金低辐射玻璃外窗	木质框架的双层Low-E玻璃
外围护结构保温情况	LBW-1型聚合物保温砂浆外墙外保温系统	13mm胶合板、140mmSIP泡沫板、13mm胶合板、13mm石膏防护板
每天使用时间（h/d）	9	9
全年使用时间（h/a）	1980	1980

续表

建筑名称	宁波市建设委员会培训中心（A）	飞利浦美林环境中心（B）
室内供冷温度设定（℃）	26~28	22~26
室内采暖温度设定（℃）	18~20	19~21
供冷期	6月1日～9月30日	5月1日～9月30日
采暖期	11月15日～3月15日	11月15日～3月15日
热度日（HDD）（℃·d）	981（基准18℃）	855.6（基准18℃）
冷度日（CDD）（℃·d）	1650（基准18℃）	1903（基准18℃）
空调系统形式（办公区）	分体式空调	地源热泵，桌面送风系统
采暖热源	分体式空调	地源热泵

14.2.2　气候对比

安纳波利斯位于马里兰州中部，切萨皮克湾口附近。安纳波利斯夏季温暖、潮湿，冬季气候温和，属于温带中纬度地区的气候，四季分明，雨量也很丰富。春季和秋季气候宜人，没有明显的雨季和旱季，但夏季往往会有突如其来的大雨和破坏性大风和雷电。每年平均区域降雨量超过990.6mm。而降雪量平均每年低于381mm。这些气候特点都与宁波市的气候特点比较相近。

从图14-8中可以看出，两城市的最热月和最冷月均为7月和1月。两城市的年平均气温之差为1.0℃，宁波市比安纳波利斯市的年平均温度稍高。宁波市逐月平均最高气温与安纳波利斯市基本吻合，宁波市逐月平均最低气温比安纳波利斯市稍高，两者的逐月平均气温在1~7月基本类似，在7月以后，宁波市逐月平均气温比安纳波利斯市稍高。

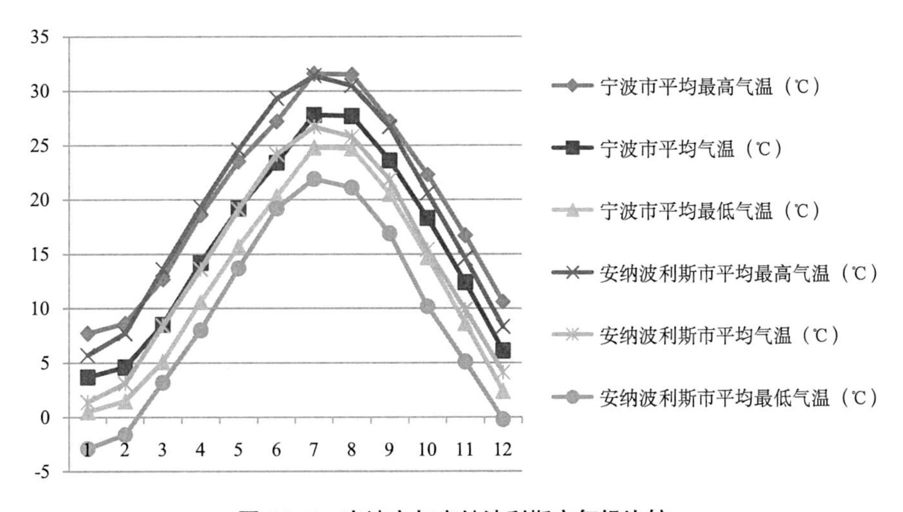

图14-8　宁波市与安纳波利斯市气候比较

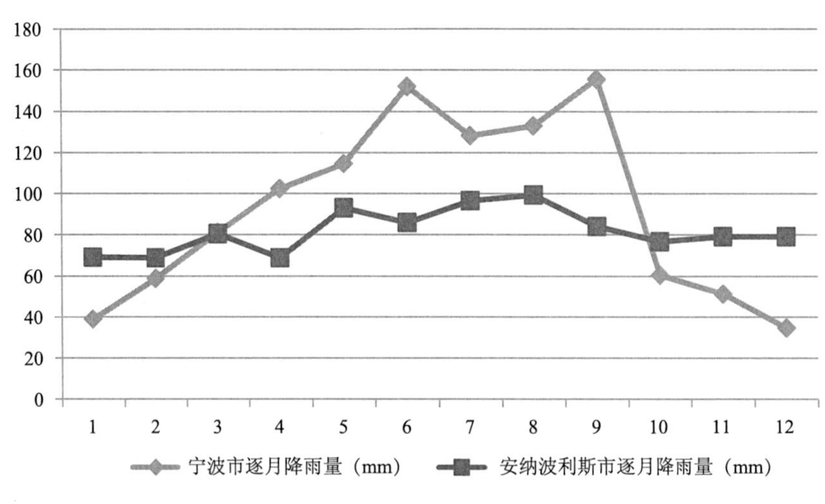

图 14-9 两地逐月降雨量的对比

从图 14-9 中可以看出，两地降雨量变化的趋势基本上是一致的，都为夏季多，冬季少。但是宁波市降雨量的变化更为明显，安纳波利斯市的降雨量的变化较平缓。夏季，宁波市的降雨量比安纳波利斯市多；冬季，宁波市的降雨量比安纳波利斯市少。

14.3 节能技术对比分析

表 14-3 给出了两栋建筑采用的主要节能技术。

两栋建筑采用的主要节能技术对比 表14-3

建筑名称	建筑A	建筑B
建筑围护结构节能	1. 新型、高效的外墙保温隔热材料 2. 采用倒置式屋面保温系统，轻质ALC屋面 3. 断桥铝合金低辐射玻璃外窗	1. 墙体保温 2. 屋面保温 3. 采用高性能的门窗
HVAC系统节能	分体式空调	1. 自然通风技术 2. 地源热泵系统 3. 减少太阳能日照得热负荷 4. 合理的自然采光技术 5. 感应照明系统
可再生能源	太阳能-空气源热泵热水方案	1. 使用太阳能热水器 2. 太阳能光伏发电

从表 14-3 中可以看出，其共同采用的节能技术有：墙体和屋面保温、应用高性能的玻璃、充分利用太阳能以及遮阳系统。其区别在于建筑 B 的生活热水能耗可全部由太阳能补充，因而可实现生活热水零能耗，这是建筑 A 所做不到的。除此以外，建筑 B 还利用了自然通风、地源热泵、感应照明系统和自然采光等技术，且节能效果显著。

14.4 建筑能耗对比分析

宁波市建设委员会培训中心全年总能耗为 283125 kWh，单位面积能耗为 59.48 kWh/(m^2 · a)；飞利浦美林环境中心全年总能耗为 345200 kWh，单位面积能耗为 119.86 kWh/(m^2 · a)，为宁波市建设委员会培训中心的两倍多。通过对总能耗的拆分，获得两栋建筑的单位面积分项能耗如图 14-10 所示。

从图 14-10 中可以看出，除单位面积采暖能耗以外，建筑 A 的各分项单位面积能耗均低于建筑 B。但 A、B 两栋建筑采暖能耗、制冷能耗、特殊设备能耗之间的差距并不是很大，唯一差距比较大的是照明和家电 / 办公设备能耗，建筑 B 分别是建筑 A 的 3 倍和 6.5 倍。这也是建筑 B 年单位面积总能耗比建筑 A 高出一倍的原因。

建筑 B 只有单位面积采暖能耗比建筑 A 低，而建筑 B 所在地区的安纳波利斯市的冬季平均温度比建筑 A 所在地区宁波市的平均温度还要低 1℃，这是因为建筑 B 采用了地源热泵的节能技术，而建筑 A 是采用单体空调的采暖方式。建筑 A 在冬季的供暖过程中，无论是单位面积能耗还是室内环境舒适度，都稍逊于建筑 B。但在单位面积总能耗对比分析中，建筑 B 的单位面积能耗却是建筑 A 的两倍多，是由于建筑 B 追求卓越的舒适度所致。

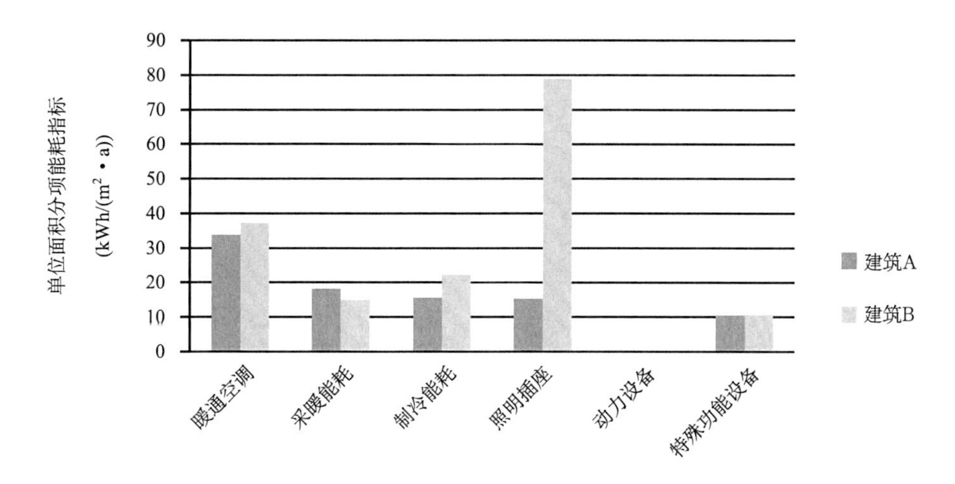

图 14-10 两栋建筑年单位面积分项能耗对比图

15　南京银城广场与海菲国际公司世界总部办公楼

15.1　美方建筑案例介绍

位于美国阿肯色州小石城的海菲国际公司世界总部办公楼（图 15-1），于 2006 年 2 月建成并交付使用。该建筑总面积为 8730m^2，地上 5 层。建筑内有工作人员 474 人，平均每人每周工作 40h，同时每周大约有 100 位访客。

图 15-1　海菲国际公司世界总部办公建筑外观图

该建筑的用能比常规的办公建筑少 55%，并于 2007 年获得美国绿色建筑委员会 LEED 铂金认证，在美国建筑研究所评选的绿色建筑中排名第六位。

15.1.1　建筑围护结构

该建筑围护结构采取了保温措施，整个墙体的热阻值不小于 15m^2 · K / W；建筑东侧和西侧采用允许范围内最小的窗墙比；采用了热物性较高的门窗，窗户的综合传热热阻大于 3m^2 · K / W。

15.1.2　空气分配系统

该办公楼希望为员工提供一个灵活的室内环境，经过多方比较，选择了高架地板空气分配系统，如图 15-2 所示，该系统既满足了灵活的要求，也能够保证员工的舒适性等要求。

同时，该建筑充分利用其外部条件，由于建筑三面被湿地环绕，利用自然对流使湿地上方的冷空气上升，通过建筑外围的玻璃通道，使室内空气得到冷却（图 15-3），进而节约能源。

图 15-2 高架地板空气分配系统

图 15-3 自然对流冷却室内空气

15.1.3 照明系统和自然采光

建筑室内安装了与 T5 灯结合使用的调光控制系统，即当室外自然光不能满足室内照明需求时，由 T5 灯进行补充。空间占用传感器也在该建筑中被应用，通过感应人员的多少来控制照明系统，从而减少了不必要的能源浪费。同时，在建筑内每层有五个阳台，可以用作露天会议室等，从而节省了能源。

图 15-4 建筑内每个位置都能接收到室外日光

该建筑处于南北向，且其长约 122m，宽 19m，意味着建筑物内的所有区域到窗户的距离都不大于 9m，即几乎建筑内的各个部位都能接收到阳光，从而使日光的利用率达到了最大（图 15-4）。

15.1.4　水系统

为了充分利用雨水，该建筑设计了 2789m^2 的倒置屋顶，通过屋顶将雨水引入 191m^3 的水塔中（图 15-5），该水塔 5 层高，由室内的玻璃消防楼梯环绕，水塔中的雨水可回收再利用。

此外，由于建筑三面被湿地环绕，所以平时存储在湿地中的雨水可以用于灌溉（图 15-6）。

图 15-5　倒置屋顶用于将水引流到水塔

图 15-6　室外湿地储水用于灌溉

15.2　可比性分析

15.2.1　建筑概况对比

海菲国际公司世界总部办公楼，建筑总面积为 8730m^2，地上 5 层。建筑内有工作人员 474 人，平均每人每周工作 40h，每周大约有 100 位访客。

两栋建筑基本信息对比　　表15-1

建筑名称	南京银城广场	海菲国际公司
建筑评级	没有认证的夏热冬冷地区建筑	通过 LEED 铂金认证的绿色建筑
建筑性质	1 ~ 4 层餐厅、商业建筑 4 层以上办公建筑	办公楼，会议
主要用途	办公	办公，会议
建筑层数	地上 19 层，地下 2 层	5（无地下层）
建筑面积（m^2）	71265	8730
使用人数（人）	约 4000 人	474 人

续表

建筑名称	南京银城广场	海菲国际公司
人均建筑面积（m^2）	约 17.8	18.4
建筑结构形式	围护结构采取保温措施	围护结构采取保温措施
每天使用时间（h/d）	9	8
全年使用时间（h/a）	2345	2085
热度日（HDD）（℃·d）	1936（基准 18℃）	1620（基准 18℃）
冷度日（CDD）（℃·d）	1128（基准 18℃）	1075（基准 18℃）
空调系统形式（办公区）	地源热泵系统 + 冰蓄冷 +VRV 变风量系统	变风量高架地板空气分配系统，充分利用自然光
采暖热源	地源热泵	脉冲燃烧锅炉

从表 15-1 中可以看出，尽管两栋建筑的建筑面积有所差别，但主要功能相似，均为办公建筑。

15.2.2 气候对比

小石城地理坐标为北纬 34.7 度，西经 92.2 度。1 月气温 -11 ～ 1℃；7 月气温 22 ～ 34℃，冬温夏热。平均年降水量为 1220mm，全年分布均匀。小石城气候温和，一年四季分明。夏季温度最高能达到 39℃，气候较干燥，但由于树木较多，实际感觉并不很热；冬季气候可降至冰点；春秋两季气候宜人，适宜旅游。

从图 15-7、图 15-8 可以看出，南京和小石城的最高气温均出现在 7、8 月份，分别为 32.2℃和 33.6℃；最低气温出现在 1 月份，均为 -1.6℃。且两城市各个月份的温度基本相同，温度走势一致，温度差最多 1~2℃，所以两城市的建筑在能耗方面具有可比性。

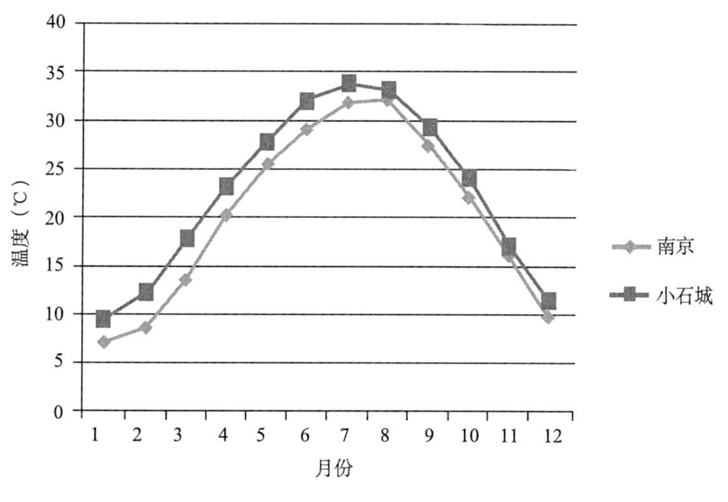

图 15-7　两城市平均最高气温

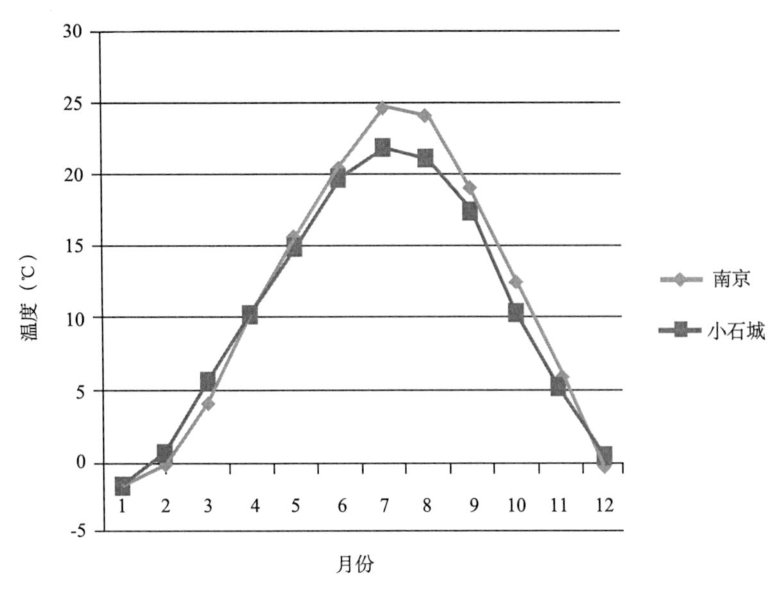

图 15-8　两城市平均最低气温

15.3　节能技术对比分析

表 15-2 给出了两栋建筑采用的主要节能技术。

中美建筑节能技术对比　　表15-2

	南京银城广场（A）	海菲国际公司世界总部办公楼（B）
围护结构	屋面、外墙等围护结构采用保温隔热构造；部分墙体采用“呼吸式”双层玻璃幕墙	建筑围护结构保温技术，使整个墙体的热阻值不小于15
空调系统	地源热泵+冰蓄冷集中空调系统 风机盘管+全热回收新风机 VRV局部式热泵机组的空调系统	高架地板变风量空气分配系统
		充分利用建筑外环境，通过自然对流利用外部湿地上方冷空气冷却建筑外缘楼梯，降低空调能耗
照明系统	室内采用普通荧光灯照明，室外照明采用金属卤化物灯	充分利用自然光
		通过感应器来控制照明系统，自动感应人员活动，调控照明系统

从表 15-2 中可以看出，两栋建筑都采用的节能技术有：墙体和屋面保温、空调系统节能。除此以外，建筑 B 还利用了雨水回收、感应照明系统和自然采光等技术，且节能效果显著。

15.4　建筑能耗对比分析

建筑 A 除去商业区域的办公楼（包括地上办公楼层 15 层和地下 2 层）年耗电量为 2076845kWh，单位面积年耗电量为 48.08 kWh /m^2；建筑 B 年耗电量为 926944 kWh，单位面积耗电量为 106.18kWh/m^2，约为建筑 A 的 2.2 倍。美国小石城的夏季气温高于南京，冬季气温低于南京，导致夏季的供冷负荷和冬季的供暖负荷大于建筑 A。通过对总能耗的拆分，获得两栋建筑的单位面积分项能耗，如图 15-9 所示。

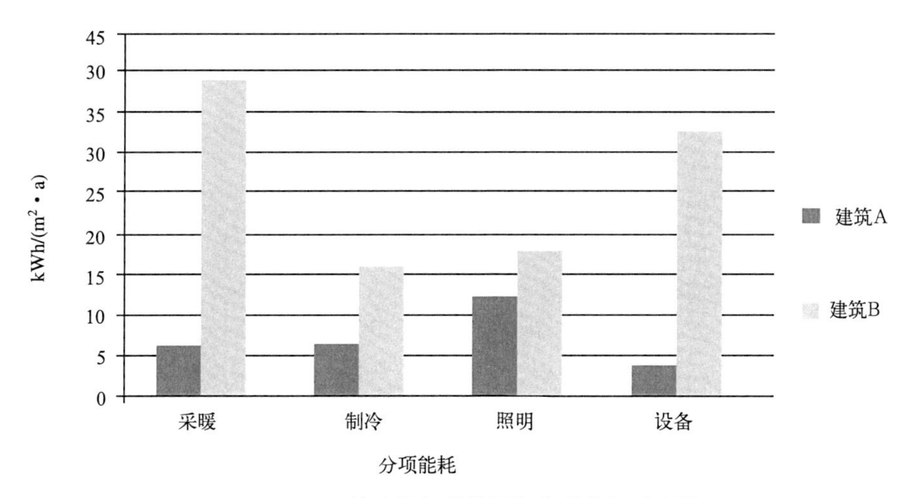

图 15–9　两栋建筑年单位面积分项能耗对比图

从图 15-9 可以看出，建筑 B 能耗明显高于建筑 A。尤其在采暖及其他特殊功能设备方面，建筑 A 的单位面积采暖能耗为 10.24kWh/（m^2 · a），而建筑 B 为 39.14 kWh/（m^2 · a），建筑 A 能耗的近 4 倍。小石城的冬季气温比南京温度低，从而导致冬季负荷大于南京；美国人对室内舒适性的要求明显高于中国人，且不同的采暖系统也会对能耗产生不同的影响，建筑 B 采用锅炉采暖，而建筑 A 为地源热泵及 VRV 热泵机组的空调系统。在特殊功能设备方面，由于建筑 B 提供生活热水，所以导致其能耗上升。建筑 B 的照明能耗大约是建筑 A 的 1.5 倍。另一方面，由于建筑 A 包括地下车库，非空调服务区域占建筑总面积比例相对建筑 B 要高，因此，该建筑平均单位面积能耗相对会降低。建筑 A 的照明插座能耗比建筑 B 的照明能耗略高，主要原因是建筑 A 的照明插座能耗包括了照明能耗和电脑、打印机等办公设备能耗。

16　深圳市建筑科学研究院办公楼与得克萨斯大学护理学院学生活动中心

16.1　美方建筑案例介绍

得克萨斯大学护理学院学生活动中心（图 16-1）位于美国休斯敦是一栋集教学、科研、办公为一体的教育类综合办公建筑。其中包括总面积为 1858.06m^2 的教室和实验室，200 个座位的大礼堂，咖啡馆，餐厅，书店，学生休息室，学生政府办公室，教研室以及教师办公室。

侧面　　　　正面

图 16-1　得克萨斯大学建筑外观图

该建筑的可持续发展的设计方式体现了护理实践和健康生活环境的构建之间的重要的关系，设计的各个方面都考虑了人体舒适性、室内空气质量，尽量使建筑环境趋近自然环境，同时该建筑充分利用了自然资源。

16.1.1　建筑围护结构

建筑结构主要是钢筋混凝土结构，混凝土中 48% 的普通硅酸盐水泥用粉煤灰代替，钢结构中 80% 是经过回收再循环利用的材料。建筑的屋顶和外墙有良好的热绝缘性，高反射率和低辐射率，可以减少得热从而减少建筑内部的冷负荷。屋顶天窗和 PV 系统支架参见图 16-2。

屋顶预留 PV 系统支架　　　　屋顶天窗

图 16-2　屋顶天窗和 PV 系统预留支架

此外，该建筑采用高效遮阳装置，如图 16-3 所示，有效减少了建筑内部的冷负荷。

图 16-3　建筑外遮阳

16.1.2　自然采光及自然通风

该建筑所处的地理位置以及建筑的南北走向（东西朝向），对于太阳能的利用是不利的。对此建筑采用了独特的外墙和屋顶设计来减少太阳直射得热并且增强自然采光。建筑南面和西面的铝制遮光板可以反射太阳光同时减少眩光干扰，建筑中庭采用半透明的隔板，将自然光引入建筑内部，参见图 16-4。

建筑室内自然采光

屋顶天窗

垂直中庭自然采光

图 16–4　建筑内的自然采光

在建筑使用率较高的白天，将自然采光作为建筑室内照明主要的光源，同时使用感应开关，在不需要时及时关闭照明装置。可开启的窗户可以提供自然通风来减少能量的使用，同时尽可能提高使用者在过渡季节的舒适程度。

16.2　可比性分析

16.2.1　建筑概况对比

表 16-1 中列出了深圳市建筑科学研究院办公楼和美国得克萨斯大学护理学院学生活动中心的建筑基本信息的对比结果。

中美两栋建筑案例基本信息对比表 **表16-1**

建筑名称	深圳市建筑科学研究院办公楼(A)	得克萨斯大学护理学院学生活动中心(B)
建筑评级	运行三星的示范性绿建	通过LEED金牌认证的绿建
建造时间	2009年	2004年8月
建筑性质	办公楼	办公楼
主要用途	展览，科研，办公，餐饮	展览，科研，办公，餐饮，教学，学生活动中心
建筑层数	12（地下两层）	8（无地下层）
建筑面积（m^2）	18170	18100
使用人数（人）	430	422（办公200人，学生/游客222人）
人均建筑面积（m^2）	42.256	42.891
建筑结构形式	混凝土剪力墙	钢筋混凝土结构
外墙材料	加气混凝土砌块	混凝土（48%为粉煤灰），柏木板
外窗类型	中空双层玻璃窗	高反射低透射玻璃窗
外围护结构保温情况	有良好的保温性能	良好热绝缘性的外墙和屋顶
每天使用时间（h/d）	10	8
全年使用时间（h/a）	2400	1920
室内供冷温度设定（℃）	26	20
室内采暖温度设定（℃）	/	/
供冷期	5月1日～10月1日	5月1日～10月15日
采暖期	/	/
供冷度日数（18.3℃）	2141	1649
采暖度日数（18.3℃）	272	775
空调系统形式（办公区）	水环热泵，冷却塔，FCU，地板送风末端，全热回收式新风处理系统	中央空调，地板静压送风末端，新风热回收系统
采暖热源	/	区域锅炉房，热水锅炉（少用）
生活热水加热系统形式	太阳能集热器	燃气锅炉

从上表中可以看出，中美两栋建筑案例均属于通过国家认证的绿色办公类建筑，用途相近，规模近似，建筑使用人员数目大致相等，建筑终端用能系统和空调系统形式都有一定的共性，且都处于亚热带季风气候区之中，因此，两栋建筑案例具有很好的可比性，两者的比较对于研究中美不同气候区绿色建筑能耗水平差异的意义较大。

16.2.2 气候对比

深圳市和休斯敦市都属于亚热带季风性湿润气候，夏长冬短，气候温和，日照充足，雨量丰沛。两地基本气候参数的对比见图 16-5。

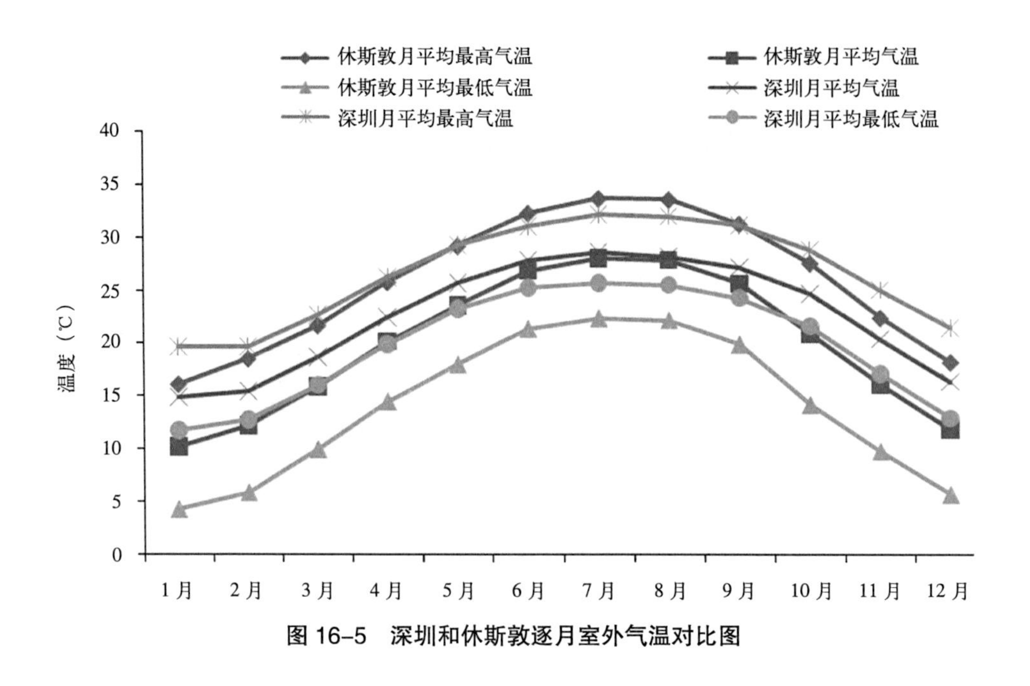

图 16-5　深圳和休斯敦逐月室外气温对比图

从图中可以看出两城市室外逐月温度的变化趋势近似，最冷月都为 1 月，最热月都为 7 月，供冷季开始的时间以及供冷的时间范围都很接近。总体上，两城市都属于亚热带季风气候区，深圳市温度、日照、湿度等气候条件都与休斯敦市较为接近，即两栋建筑案例的室外气候条件类似，因而两栋建筑案例进行对比的可信度较高。

16.3　节能技术对比分析

表 16-2 给出了两栋建筑采用的主要节能技术。

两栋建筑采用的主要节能技术对比　　表16-2

节能技术	建筑A	建筑B
建筑围护结构节能	1. 双层low-E玻璃 2. 墙和屋顶保温 3. 自然采光 4. 自然通风 5. 遮阳系统	1. 屋顶绿化 2. 自然采光 3. 自然通风 4. 墙和屋顶保温 5. 遮阳系统 6. 采用可操作窗
HVAC系统节能	1. 采用水源热泵 2. 采用变风量系统 3. 防辐射吊顶 4. 热回收利用 5. 应用热回收式室外空气除湿系统 6. 高效采光系统	1. 高效采光系统 2. 应用热回收式通风系统 3. 应用高效节能设备 4. 合理的自然采光技术 5. 地板送风系统 6. 暖通空调配电系统
可再生能源利用	1.光伏发电系统 2. 太阳能热水器自动控制	光伏发电系统

建筑 A 共采用 40 多项绿色建筑技术（其中被动、低成本和管理技术占到 68% 左右），分别体现在节地与室外环境、节能与资源利用、节水与水资源利用、节材与材料资源利用和建筑智能控制监测几个方面。建筑 B 除采用绿色屋顶系统、无水小便器、再生地板和地毯等绿色产品外，节能措施涉及照明系统、太阳能光电系统、通风系统以及供冷系统等。

16.4 建筑能耗对比分析

建筑 A 全年总能耗为 1091613kWh，单位面积能耗为 60.08kWh/(m^2 · a)；建筑 B 全年总能耗为 988521.4kWh，单位面积能耗为 54.61 kWh/(m^2 · a)。通过对总能耗的拆分，获得两栋建筑的单位面积分项能耗，如表 16-3 所示。

两建筑全年分项能耗对比表　　表16-3

用能系统（kWh）	建筑A	建筑B	差异百分比（%）
供冷	288478	305000	-5.73%
照明	20044.83	139000	-593.44%
风机/水泵	87049.28	63900	26.59%
插座和室内设备	215228.54	163000	24.27%

通过对 A、B 中不同用能系统的分项能耗对比可以发现，两建筑空调系统供冷能耗水平相差不大，建筑 B 略高于建筑 A（高出 5.73%，16522kWh）；建筑 B 中照明系统能耗约为建筑 A 的 6 倍；建筑 A 的风机水泵（动力系统）和插座室内设备的电耗分别比建筑 B 高出 26.59% 和 24.27%。

17 总结

本次共选取了 10 栋中美办公建筑作为对比建筑案例，中方 5 栋，分布在沈阳、天津、宁波、南京、深圳；美方 5 栋，对应案例分布在坎布里亚、华盛顿、安纳波利斯、小石城、休斯敦。

通过对 5 对中美高能效建筑的能耗数据对比分析，得到了以下结论：

（1）全年总能耗

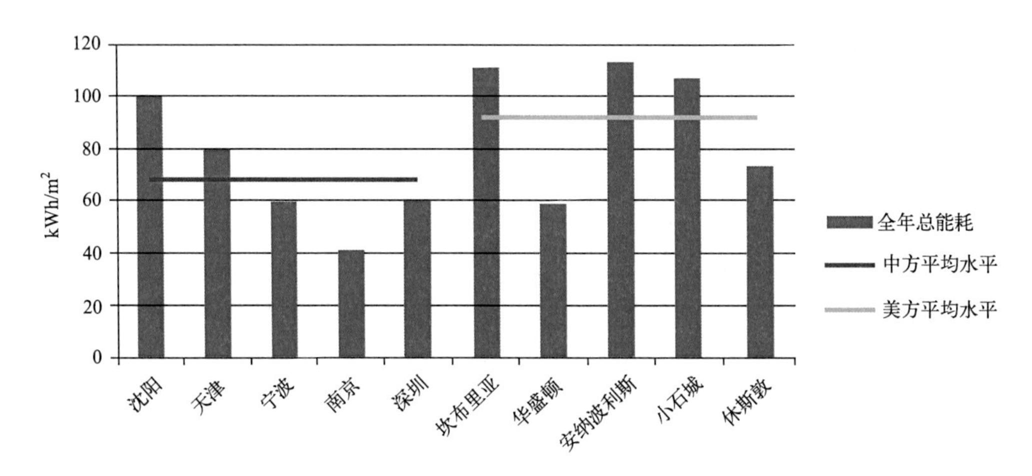

图 17–1 中美建筑案例全年单位面积总能耗对比

从图 17-1 中可以看出，在大部分对比案例中，中方的全年单位面积总能耗比美方的低，中方全年平均单位面积总能耗为 69.48kWh/m^2，美方全年平均单位面积总能耗为 92.28 kWh/m^2。尽管美方的办公建筑应用了更多的建筑节能技术，但是单位面积能耗还是比中方的办公建筑多出很多，很重要的一个原因在于美方的设计人员和建筑的使用人员都追求更高的舒适度。

（2）暖通空调能耗

从图 17-2 中可以看出，除严寒地区外，中方办公建筑全年单位面积暖通空调能耗都要比美方的低。中方全年平均单位面积暖通空调能耗为 33.54 kWh/m^2，美方全年平均单位面积暖通空调能耗为 44.15 kWh/m^2。

从图 17-3 中可以看出，中方办公建筑全年平均单位面积采暖能耗比美方低。中方办公建筑全年平均单位面积采暖能耗为 17.07 kWh/m^2，美方办公建筑全年平均单位面积采暖能耗为 24.95 kWh /m^2。

从图 17-4 中可以看出，中方办公建筑全年平均单位面积制冷能耗比美方低。中方办公建筑全年平均单位面积制冷能耗为 16.43 kWh /m^2，美方办公建筑全年平均单位面积制冷能耗为 19.20 kWh /m^2。

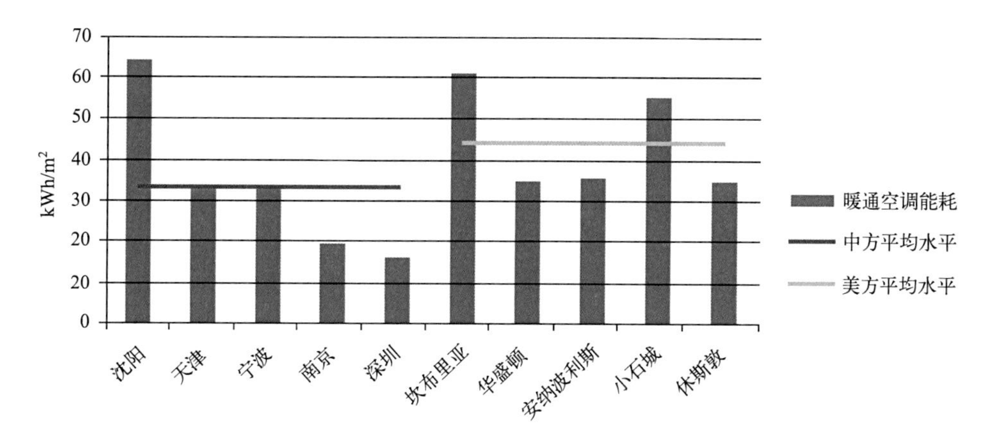

图 17-2　中美建筑案例全年单位面积暖通空调能耗对比

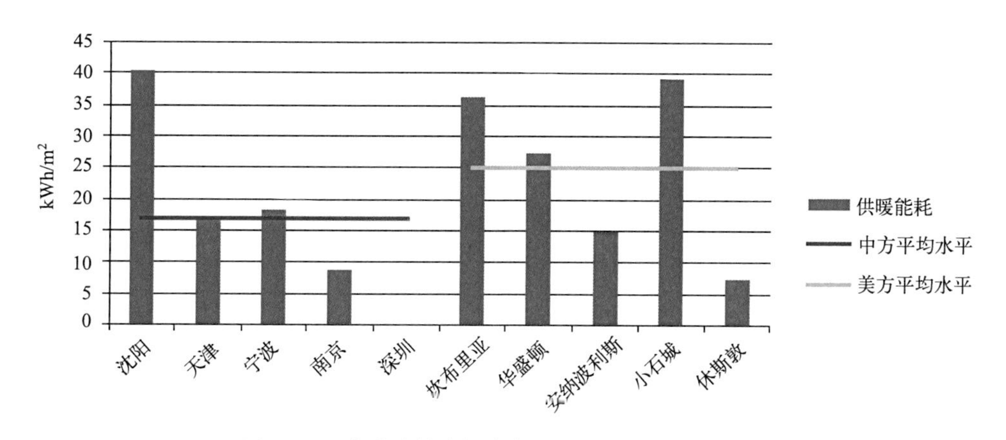

图 17-3　中美建筑案例全年单位面积采暖能耗对比

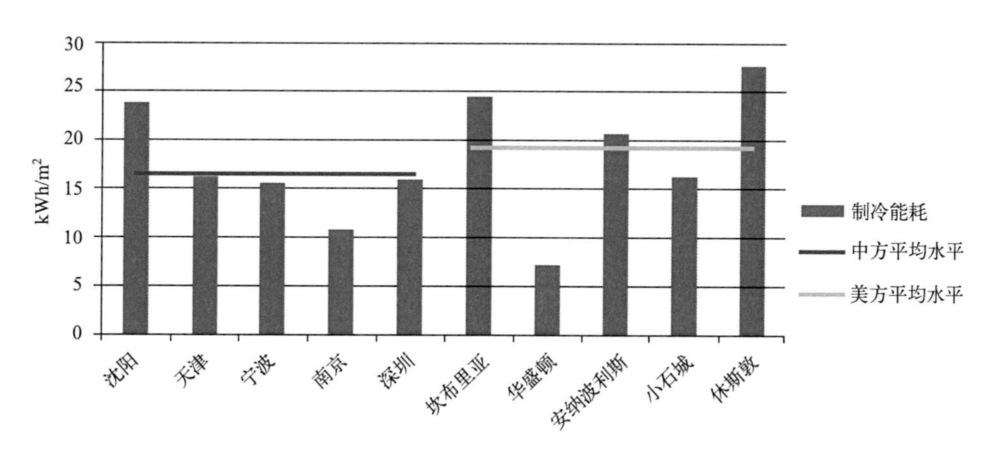

图 17-4　中美建筑案例全年单位面积制冷能耗对比

（3）照明能耗

从图 17-5 中可以看出，中方办公建筑全年平均单位面积照明能耗比美方低得多，大约为美方办公建筑的一半。中方办公建筑全年平均单位面积照明能耗为 9.78 kWh /m^2，美方办公建筑全年平均单位面积照明能耗为 16.61 kWh /m^2。

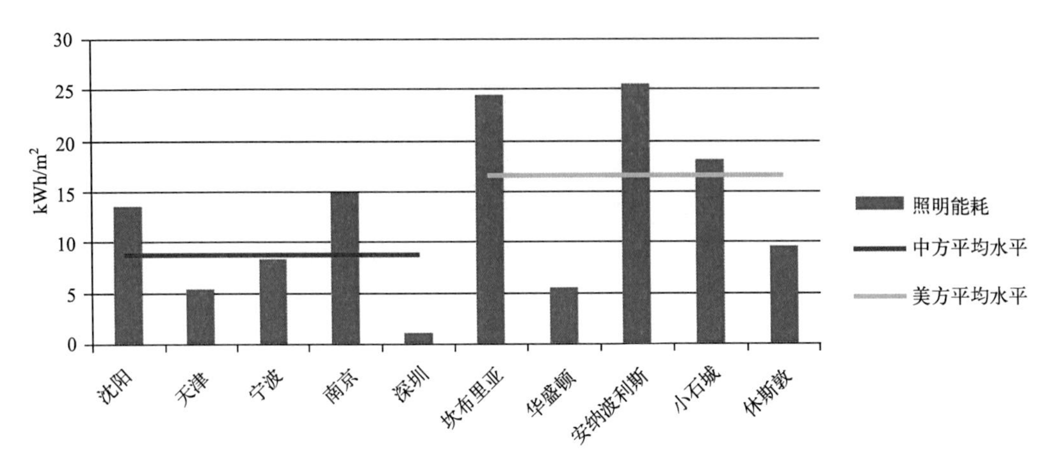

图 17-5　中美建筑案例全年单位面积照明能耗对比

尽管美方的办公建筑应用了更多的节能照明设备和工具，但其能耗仍为中方办公建筑的近两倍，这是由于两国在照明方面有不同的设计要求和设计标准导致的。

（4）动力设备能耗

从图 17-6 中可以看出，中方办公建筑全年平均单位面积动力设备能耗比美方低得多，不到美方办公建筑的一半。中方办公建筑全年平均单位面积动力设备能耗为 11.68 kWh / m^2，美方办公建筑全年平均单位面积动力设备能耗为 24.16 kWh /m^2。

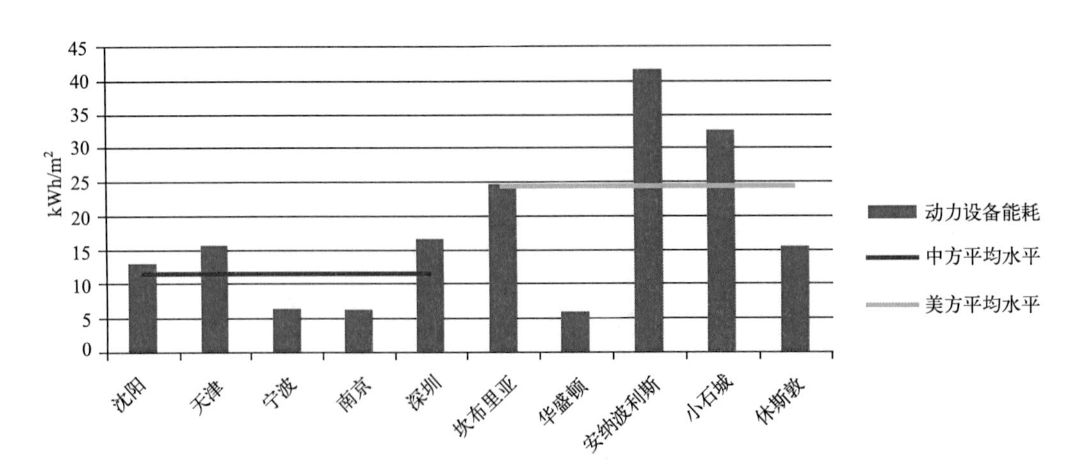

图 17-6　中美建筑案例全年单位面积动力设备能耗对比

中美高能耗建筑案例对比的重要意义在于，中美双方可以相互借鉴对方更优秀的建筑节能技术或者更合理的建筑节能技术的组合，以便提升自己国家的建筑能效水平，而且对形成高能效建筑的评价认证体系是有帮助的。例如，中国可以学习美国自动控制技术、热回收技术和各种节水措施，而美国可以学习中国在设计和运行时的节能意识。

希望本书能够起到抛砖引玉的作用，让更多的专业人士投身到高能效建筑案例的分析与对比的工作中来，为中国的建筑节能事业贡献自己的力量。

参考文献

[1] Geng Yong, Dong Huijuan, Xue Bin. An Overview of Chinese Green Building Standards [J]. Sustainable Development, 2012, 20(3), 211-221.

[2] Siwei Lang. Progress in energy-efficiency standards for residential buildings in China [J]. Energy and Buildings, 2004, 36:1191-1196.

[3] Z.Wang, Z.Bai, H.Yu, J.Zhang, T.Zhu. Regulatory standards related to building energy conservation and indoor-air-quality during rapid urbanization in China [J]. Energy and Buildings, 2004,36: 1299-1308.

[4] Li Jiangnan. Analysis on the Standard of American LEED [J]. Conserves Energy, Ecology & intelligent buildings, 2009, 01:60-64.

[5] Wan Yimeng, Xu Rong, Huang Tao. Comparison and analysis on Chinese Green Building Evaluation Standard and LEED [J]. Building Science, 2009, 25(8):6-8.

[6] Zhou Xiaobing, Che Wu. Comparison of stormwater management between green building rating system of China and U. S. LEED green building rating system [J]. Water & Wastewater Engineering, 2009, 03(35):120-123.

[7] Wang Ning, Wang Feng, Yang Haizhen, Comparison of water-saving index between green building rating system of China and other green building rating system [J]. Water & Wastewater Engineering, 2009, 11(35):208-212.

[8] Geissler.S, Gross.M. Investment in sustainable buildings: the role of green building assessment systems in real estate valuation [J]. Environmental Economic & Investment Assessment, 2010, 131:181-191.